甘肃省
农宅风貌规划研究

魏孔军 ◎ 主编

河海大学出版社
·南京·

图书在版编目（CIP）数据

甘肃省农宅风貌规划研究/魏孔军主编. --南京：河海大学出版社，2022.7
ISBN 978-7-5630-7350-4

Ⅰ.①甘… Ⅱ.①魏… Ⅲ.①农村住宅—住宅区规划—研究—甘肃 Ⅳ.①TU984.12

中国版本图书馆CIP数据核字（2022）第118062号

书　　名 /	甘肃省农宅风貌规划研究
书　　号 /	ISBN 978-7-5630-7350-4
责任编辑 /	曾雪梅
特约校对 /	孙　婷
封面设计 /	张育智　周彦余
出版发行 /	河海大学出版社
地　　址 /	南京市西康路1号（邮编：210098）
网　　址 /	http://www.hhup.com
电　　话 /	（025）83737852（总编室）
	（025）83722833（发行部）
	（025）83787103（编辑室）
经　　销 /	江苏省新华发行集团有限公司
排　　版 /	南京布克文化发展有限公司
印　　刷 /	南京迅驰彩色印刷有限公司
开　　本 /	787 mm×1092 mm　1/16
印　　张 /	15.75
字　　数 /	248千字
版　　次 /	2022年7月第1版
印　　次 /	2022年7月第1次印刷
定　　价 /	198.00元

编委会成员

主　编

　　魏孔军

编写人员

　　王春好　张岭峻　张　海　聂　晶
　　张维元　曹钟瑾　王民昊　马亚峰
　　杨　帆　屈　刚　吴傲蕾　赵昕伟
　　温万元　李　巍　冯　斌　李东泽
　　屈志航

参编单位

　　甘肃省城乡规划设计研究院有限公司、甘肃省建筑设计研究院有限公司、西北师范大学城市规划与旅游景观设计研究院

前言
PREFACE

民族要复兴，乡村必振兴。编制好"多规合一"实用性村庄规划是促进乡村振兴、推动城乡融合发展的关键环节，农村住宅风貌是村庄规划和建设的重要内容。依据中央农办、农业农村部、自然资源部、国家发展改革委、财政部《关于统筹推进村庄规划工作的意见》等文件精神，省自然资源厅、省委农办、省农业农村厅、省发展和改革委员会、省财政厅结合甘肃省村庄规划建设实际，于2021年6月发布《关于加强乡村规划建设的指导意见》，提出突出地方特点、文化特色和时代特征，优化乡村布局，科学编制"多规合一"实用性村庄规划，打造各具特色、不同风格的美丽村庄，促进乡村振兴，推动城乡融合发展的指导思想。

近年来，陇原广大农村地区建成了一批各具特色的美丽村庄，如康县花桥村、合作市美武村等，但一些地方存在照搬城市开发模式导致田园风貌消失、村庄风貌城市化的现象，乡村地区地域传统文化传承与创新面临巨大挑战。另外，一些地方在村庄规划编制和规划建设管理中不加强对当地文化和传统民居特色的运用，套用照搬农宅户型现象普遍，规划建设管理针对性不强。

为防止千村一面，塑造别有风格、另具韵味，有乡愁、有记忆、有田园的乡村风貌，本书结合甘肃省地理气候、历史文化、民族民俗、生产方式等差异，划分河西、陇中、陇东、陇东南、民族地区五个农村住宅风貌引导单元，以市州为单位研究农宅风貌。根据各地区的特点，提出特色地区风貌引导，包括：各地风貌存在明显差异的县级单元，如酒泉市敦煌、阿克塞和肃北，武威市天祝县等；历史文化名村或传统村落，如秦安县邵店村、康县朱家沟村等；临近景区重点发展乡村旅游的村庄，如榆中县浪街村、甘州区速展村等。

甘肃省地域狭长，文化多样，甘肃省农宅风貌规划研究是一项新的课题，在课题研究的过程中，遇到很多问题，包括资料不足、时间不足、人力不足、资金不足,加上我们初次研究,水平有限,难免存在不足,也必然存在着不同的观点,我们本着"百家争鸣"的方针,衷心欢迎广大读者和业内人士批评指正、提出不同看法,有机会进行交流、讨论。在此由衷地感谢河海大学出版社编辑的倾力指导和帮助,有了他们的帮助才使得本书能够顺利出版。编辑工作,费心费力,为嫁衣之功,行不言之教,普通平凡,意义深远,课题组众人受益良多,受惠长远。再次感谢你们!

  本书在编写过程中,选用了适合本书内容的图片作品。在此,我们对这些作品的作者表示深深的敬意和感谢。但由于部分作者的姓名或地址不详,我们无法取得联系,敬请各位有著作权的作者尽快与我们联系。

目录
CONTENTS

一 研究背景 · · · · · · 001
  （一）研究目的 · · · · · · 002
  （二）研究依据 · · · · · · 003
  （三）基本原则 · · · · · · 004
  （四）农村住宅选址原则 · · · · · · 005

二 单元划分 · · · · · · 007
  （一）全省村庄用地现状与空间分布特征 · · · · · · 008
  （二）全省国土空间格局与魅力空间分布 · · · · · · 013
  （三）建筑形制选择与关联因素影响分析 · · · · · · 015
  （四）全省五大农村住宅风貌引导单元划分 · · · · · · 023
  （五）五大风貌引导单元的特色地区确定 · · · · · · 024

三 甘肃省农宅风貌特征分析 · · · · · · 025
  （一）各风貌单元传统民居建设特征 · · · · · · 026
  （二）突出问题 · · · · · · 034

四 目标与策略 · · · · · · 037
  （一）规划目标 · · · · · · 038
  （二）规划策略 · · · · · · 039
  （三）农宅风貌负面清单 · · · · · · 040
  （四）既有农房改造策略 · · · · · · 041

五　河西地区农宅风貌规划 043
（一）酒泉市、嘉峪关市 046
（二）敦煌市 061
（三）张掖市 075
（四）武威市、金昌市 090

六　陇中地区农宅风貌规划 099
（一）兰州市、白银市 102
（二）定西市 119

七　陇东地区农宅风貌规划 131
（一）庆阳市 134
（二）平凉市 143

八　陇东南地区农宅风貌规划 153
（一）天水市 156
（二）陇南市 171

九　民族地区农宅风貌规划 187
（一）甘南藏族自治州 188
（二）临夏回族自治州 217

十　技术措施 237

一

研究背景

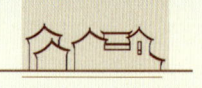

（一）研究目的

本研究的目的在于：贯彻落实乡村振兴战略，实现共同富裕目标，为科学引导和规范甘肃省农村住宅风貌，提高村庄规划编制水平和质量，结合全省各地区差异，分地域单元和特色地区制定农村住宅风貌规划，突出地方特点、文化特色和时代特征，打造各具特色、不同风格的"陇派"美丽村庄，促进乡村振兴，推动城乡融合发展。

（二）研究依据

1. 中共中央 国务院《关于建立国土空间规划体系并监督实施的若干意见》（中发〔2019〕18号）；
2. 中央农办、农业农村部、自然资源部、国家发展改革委、财政部《关于统筹推进村庄规划工作的意见》（农规发〔2019〕1号）；
3. 自然资源部办公厅《关于加强村庄规划促进乡村振兴的通知》（自然资办发〔2019〕35号）；
4. 《美丽乡村建设指南》（GB/T 32000—2015）；
5. 中共中央办公厅、国务院办公厅印发《农村人居环境整治提升五年行动方案（2021—2025年）》；
6. 甘肃省自然资源厅、甘肃省委农办、甘肃省农业农村厅、甘肃省发展和改革委员会、甘肃省财政厅印发《甘肃省村庄规划编制实施方案》（甘资规划发〔2019〕13号）；
7. 甘肃省自然资源厅、甘肃省委农办、甘肃省农业农村厅、甘肃省发展和改革委员会、甘肃省财政厅印发《关于加强乡村规划建设的指导意见》的通知（甘资发〔2021〕148号）；
8. 《甘肃省国土空间规划（2019—2035）》（征求意见稿）；
9. 《甘肃省村庄规划编制导则》（2022年）。

（三）基本原则

甘肃省地处黄土、青藏和内蒙古三大高原交会地带，地形复杂、气候多样、历史文化底蕴深厚。本研究深入研究400毫米等降水量线、农牧区、民俗文化等因素对甘肃省农村住宅风貌的影响，结合各分区单元特征，制定"安全舒适、少占耕地，分区引导、因村制宜，经济适用、简洁美观，传承创新、关注细节"四项基本规划原则。

（1）安全舒适，少占耕地。新建农宅须符合经法定程序批准的村庄规划，禁止占用永久基本农田，不占或者少占耕地，占用耕地的，尽量占用劣质耕地。新建农宅要避开自然灾害易发地段，合理避让山洪、滑坡、泥石流、崩塌等地质灾害危险区，不在陡坡、冲沟、泛洪区和其他灾害易发地段建房。

（2）分区引导，因村制宜。甘肃省地域狭长，地理、气候、民俗各地差异大，本研究分析了400毫米等降水量线对农业生产方式的影响，梳理农区、牧区、半农半牧区农村住宅风貌特征，分地域单元制定风貌引导。为留住乡土文化，防止千村一面，应充分考虑村庄自然、人文、经济和风俗习惯，以分区风貌引导为基础，因村制宜编制村庄规划。

（3）经济适用，简洁美观。农村住宅建筑风貌要符合地域文化，要体现"适用、经济、绿色、美观"的建筑方针，避免农宅风貌城市化。建设与周边环境相协调、与传统文化相融合、与现代生活相适应的农村住宅，塑造"各美其美、美美与共"的陇原美丽村庄。

（4）传承创新，关注细节。尊重乡土风貌和地域特色，提炼传统民居特色要素，传承优秀传统建筑文化；适应新时代的生产生活方式，吸取传统民居智慧，指导现代房屋建设，精心打造农宅的形制、色彩、屋顶、墙体、门窗和装饰等关键细节，避免千村一面，鼓励使用本地材料、保留乡土味道、体现时代特征。

一　研究背景

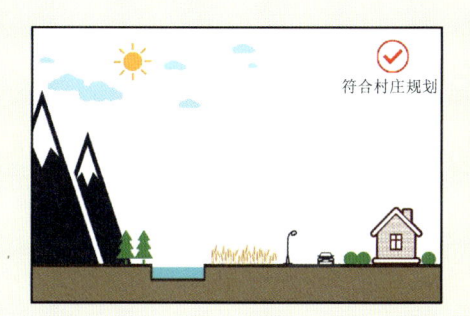

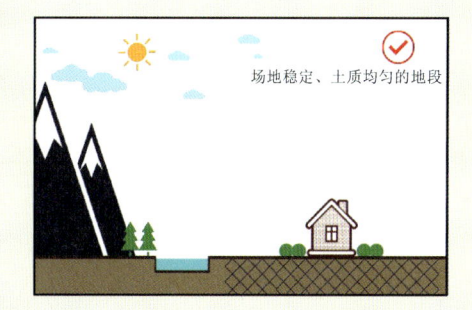

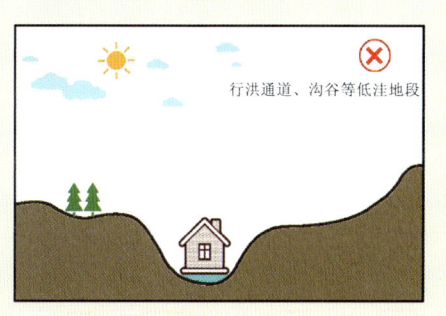

（四）农村住宅选址原则

农村住宅选址遵循的原则如图 1-1 所示。

✓ 符合村庄规划	✓ 场地稳定、土质均匀的地段
✓ 削山建房应进行护坡处理	✗ 地质不稳定地段
✗ 地陷、泥石流、陡坡地段	✗ 行洪通道、沟谷等低洼地段

005

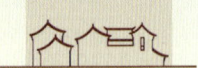

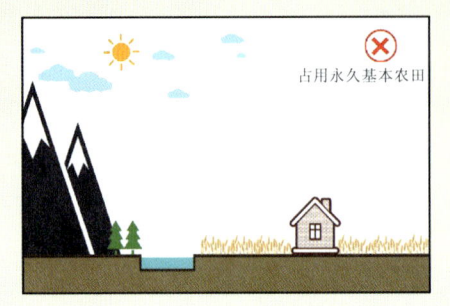

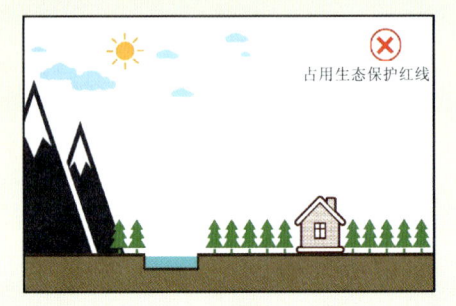

图 1-1 农村住宅选址原则

二

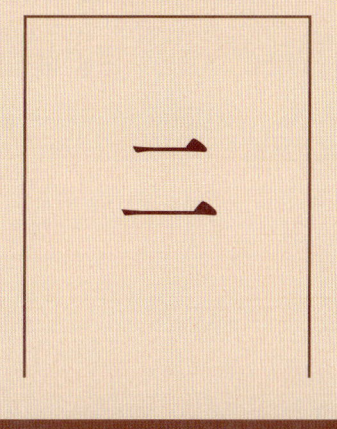

单元划分

（一）全省村庄用地现状与空间分布特征

依据《甘肃省第三次全国农业普查主要数据公报》，甘肃全省有 16395 个村，其中 16068 个行政村，327 个涉农居委会。现就全省村庄的用地现状与空间分布特征进行总结、分析。

1. 现状村庄建设用地情况

依据《甘肃省第三次全国国土调查主要数据公报》相关数据，截至 2019 年底，全省村庄用地 6072.906 平方千米，占全省城镇村及工矿用地的 71.23%。结合《甘肃省第七次全国人口普查公报》，全省乡村常住人口为 1195.2499 万人，全省农村常住人口人均建设用地面积约为 508.08 平方米。

整体而言，农村常住人口人均建设用地面积与区域内的地形地貌和村庄聚集程度有较大关联。临夏回族自治州、甘南藏族自治州、天水市、陇南市的农村人均建设用地面积较小，定西、兰州等地的农村人均建设用地面积接近全省平均水平，河西五市（酒泉、嘉峪关、张掖、武威、金昌）、白银、庆阳、平凉的农村人均建设用地面积整体较多（如图 2-1 所示）。

2. 地理分区村庄分布情况

全省村庄主要分布在陇中黄土高原地区和陇南山地地区，分别占村庄总量的 53.05% 和 26.21%；河西荒漠绿洲地区村庄数量占村庄总数的 13.19%，整体分布密度较低，主要集中在河西中、东部；甘南高原地区和祁连山地区村庄数量最少，分别占村庄总数的 3.78% 和 3.77%（如图 2-2 所示）。

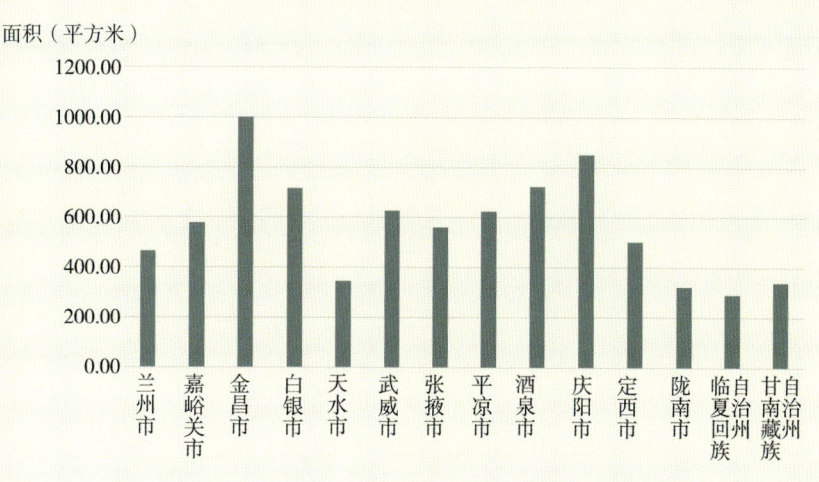

图 2-1　甘肃各市州农村常住人口人均建设用地面积

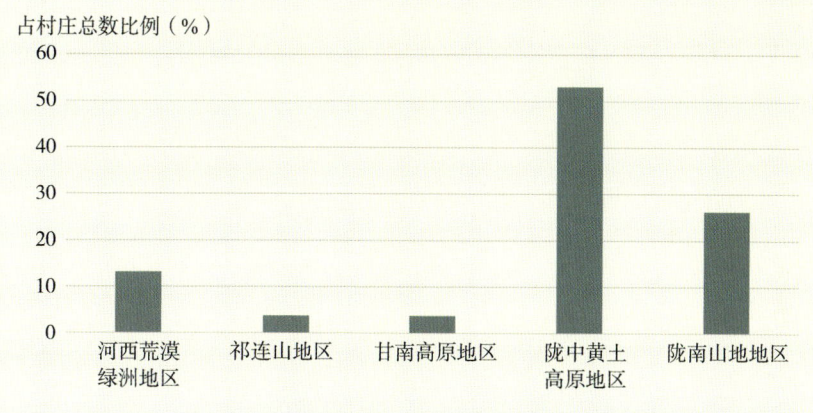

图 2-2　甘肃各地理分区内村庄数量分布情况

3. 海拔分区村庄分布情况

全省村庄主要分布在海拔 2000 米及以下地区，占村庄总数的 70.13%；其次分布在海拔 2000～3000 米之间的区域，占村庄总数的 28%；海拔 3000～4000 米的村庄数量较少，零星分布于甘南和肃北地区，占村庄总数的 1.79%；海拔 4000～5000 米的村庄仅占村庄总数的 0.09%，位于肃北西边的祁连山北麓（如图 2-3 所示）。

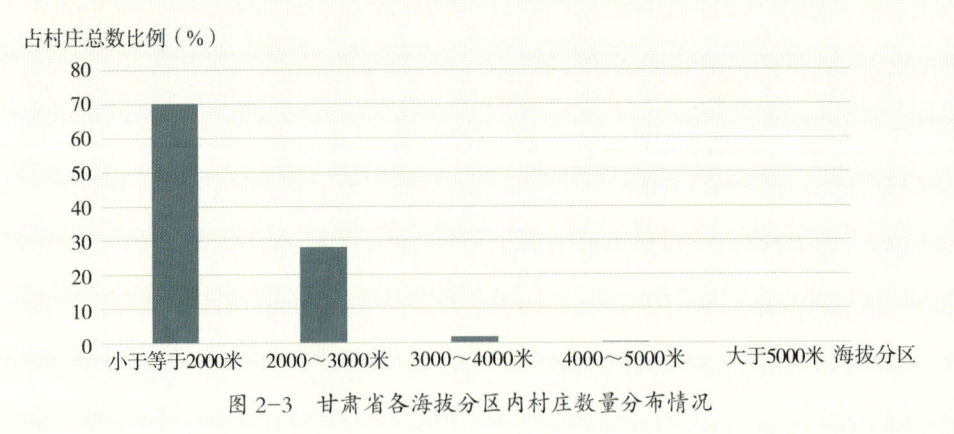

图 2-3 甘肃省各海拔分区内村庄数量分布情况

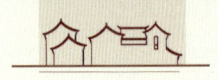

4. 气候分区村庄分布情况

全省村庄主要分布在陇中南部冷温带半湿润区，占村庄总量的 44.26%；河西走廊冷温带干旱区、陇中北部冷温带半干旱区、陇南北部暖温带湿润区的村庄数量接近，分别占村庄总数的 10.48%、12.5% 和 17.13%，河西西部暖温带干旱区村庄数量最少，仅占 0.57%（如图 2-4 所示）。

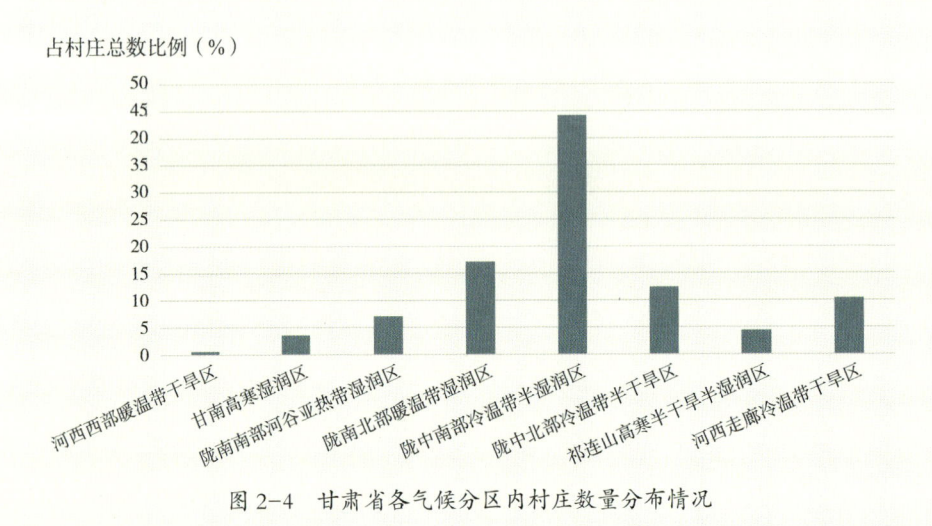

图 2-4 甘肃省各气候分区内村庄数量分布情况

5. 民族地区村庄分布情况

省内各民族地区村庄分布与民族人口数量息息相关，其中藏族自治州、

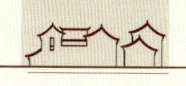

县和回族自治州、县内村庄数量最多，分别占民族地区村庄总量的28.52%和49.46%；其他民族自治县内村庄数量总和不足全省民族地区村庄总数的1/3，其中阿克塞哈萨克族自治县内村庄占比0.47%，肃北蒙古族自治县内村庄占比1.12%，肃南裕固族自治县内村庄占比4.34%，东乡族自治县内村庄占比9.85%，积石山保安族东乡族撒拉族自治县内村庄占比6.24%（如图2-5所示）。

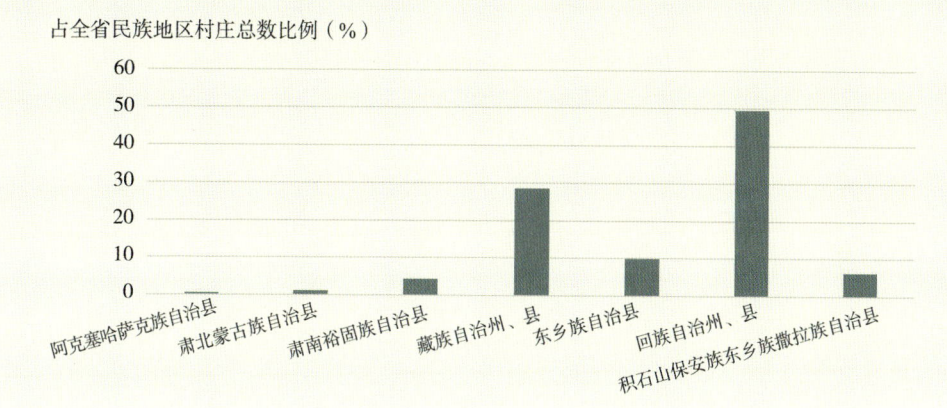

图2-5　甘肃省各民族地区内村庄数量分布情况

6. 传统村落和历史文化名村分布情况

甘肃省有国家级传统村落54个，国家级历史文化名村5个。主要分布在中、南部地区（详见表2-1）。

表2-1　甘肃省国家级历史文化名村及传统村落

类别	序号	名称	地址	类别	序号	名称	地址
历史文化名村	1	街亭村	天水市麦积区麦积镇	传统村落	4	街亭村	天水市麦积区麦积镇
	2	胡家大庄村	天水市麦积区新阳镇		5	河口村	兰州市西固区河口镇
	3	河口村	兰州市西固区河口镇		6	胡家大庄村	天水市麦积区新阳镇
	4	继红村	平凉市静宁县界石铺镇		7	哈南村	陇南市文县石鸡坝镇
	5	罗川村	庆阳市正宁县永和镇		8	草河坝村	陇南市文县铁楼藏族乡
传统村落	1	连城村	兰州市永登县连城镇		9	入贡山村	陇南市文县铁楼藏族乡
	2	城河村	兰州市榆中县青城镇		10	石门沟村案板地社	陇南市文县铁楼藏族乡
	3	永泰村	白银市景泰县寺滩乡		11	梅红村	天水市清水县贾川乡

续表

类别	序号	名称	地址	类别	序号	名称	地址
传统村落	12	木场村	临夏回族自治州临夏市城郊镇	传统村落	34	扎尕那村	甘南藏族自治州迭部县益哇镇
	13	尼巴村	甘南藏族自治州卓尼县尼巴镇		35	红堡子村	甘南藏族自治州临潭县流顺镇
	14	三合村	白银市景泰县中泉镇		36	磨沟村	甘南藏族自治州临潭县王旗镇
	15	宽沟村	白银市景泰县寺滩乡		37	平堡村	白银市靖远县平堡乡
	16	龙泉湾	白银市景泰县中泉镇		38	马坪村	天水市麦积区党川镇
	17	尾泉村	白银市景泰县中泉镇		39	硖口村	张掖市山丹县老军镇
	18	永丰村	兰州市榆中县金崖镇		40	继红村	平凉市静宁县界石铺镇
	19	天城村	张掖市高台县罗城镇		41	文丰村	定西市通渭县榜罗镇
	20	高镇村	平凉市华亭县安口镇		42	新寨村	陇南市文县铁楼藏族乡
	21	罗川村	庆阳市正宁县永和镇		43	郇家庄村	陇南市徽县栗川镇
	22	白果村郑家社	陇南市文县碧口镇		44	昏水村	临夏回族自治州东乡族自治县达板镇
	23	强曲村	陇南市文县铁楼藏族乡		45	罗哇上村	甘南藏族自治州合作市勒秀镇
	24	东裕村	陇南市宕昌县狮子乡		46	西街村	甘南藏族自治州临潭县新城镇
	25	朱家沟村	陇南市康县岸门口镇		47	博峪村	甘南藏族自治州卓尼县木耳镇
	26	下庙村	陇南市西和县兴隆镇		48	坪定村	甘南藏族自治州舟曲县坪定镇
	27	仇池村	陇南市西和县大桥镇		49	高吉村	甘南藏族自治州迭部县达拉乡
	28	火烧寨村	陇南市礼县宽川镇		50	次日那村	甘南藏族自治州迭部县旺藏镇
	29	父坪村	陇南市礼县崖城镇		51	洋布村	甘南藏族自治州迭部县多儿乡
	30	稻坪村	陇南市徽县嘉陵镇		52	沃特村	甘南藏族自治州玛曲县阿万仓镇
	31	田河村	陇南市徽县嘉陵镇		53	木拉村	甘南藏族自治州玛曲县木西合乡
	32	柴家社	陇南市徽县麻沿河镇		54	八角城村	甘南藏族自治州夏河县甘加镇
	33	青泥村	陇南市徽县大河店镇				

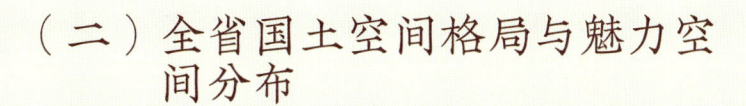

（二）全省国土空间格局与魅力空间分布

1. 全省国土空间总体格局

甘肃省以强化系统保护、突出核心引领、推动全面开放、促进城乡协调四大空间规划策略为引导，形成了全省国土空间总体格局。

强化系统保护，提出"生态+耕地+文化"三保护格局。统筹黄河流域、长江流域、内陆河流域生态保护与高质量发展，着力打造国家生态安全屏障综合试验区，有力提升重点地区生态功能，构建"四屏一廊保护格局、两主三辅治理体系"。

突出核心引领，构建"一主三副多节点"开发格局。强化中心城市职能，以兰州都市圈为核心，天水、酒嘉、平庆都市圈为支撑，构建"一带一廊、一主三副多节点"的城镇开发格局。

推动全面开放，融入双循环新发展格局。夯实产业基础，推动现代化体系建设，构建"一核七极"产业空间布局。

促进城乡协调，多层次体现特色化发展。合理研判城镇规模体系，加快大中型城市综合发展，引导小城市高质量、特色化发展。

2. 全省高品质魅力空间格局

依据《甘肃省国土空间规划（2020—2035）》（征求意见稿），甘肃省魅力国土空间总体形成"四廊十五核十六区"格局。

四条魅力廊道：丝路文化魅力廊道、长城文化魅力廊道、长征文化魅力廊道、黄河风情魅力廊道。

十五个魅力核心：一级魅力核心是兰州市、敦煌市、天水市；二级魅力核心是酒泉市、嘉峪关市、张掖市、武威市、甘南州、平凉市、陇南市；三

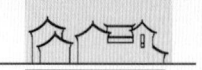

级魅力核心是金昌市、白银市、定西市、临夏州、庆阳市。

十六个魅力片区：可分为文化魅力空间、游憩魅力空间和生态魅力空间三种类型，包括大敦煌国际文化魅力区、酒嘉文化魅力区、雍凉古郡文化魅力区、拉卜楞文化魅力区、华夏元祖文化魅力区、崆峒文化魅力区、张国臂掖游憩魅力区、神秘骊靬游憩魅力区、黄河金岸游憩魅力区、陇蜀古韵游憩魅力区、祁连山生态魅力区、太子山生态魅力区、贵清山生态魅力区、甘南高原生态魅力区、大熊猫生态魅力区、子午岭生态魅力区。

（三）建筑形制选择与关联因素影响分析

建筑的地域性受自然条件、社会背景、建筑材料与技术三方面因素的影响，甘肃省传统民居建筑单体的平面形制呈现出一定的地域分异特征，其直接原因在于建筑类别的不同，根本原因在于复杂多样的"地域机制"，即自然、人文、建筑技术工艺等多方面因素影响了人们不同的自然观、功用观、审美观、生态观，这些观念又反映在传统民居建筑文化中（详见图2-6）。

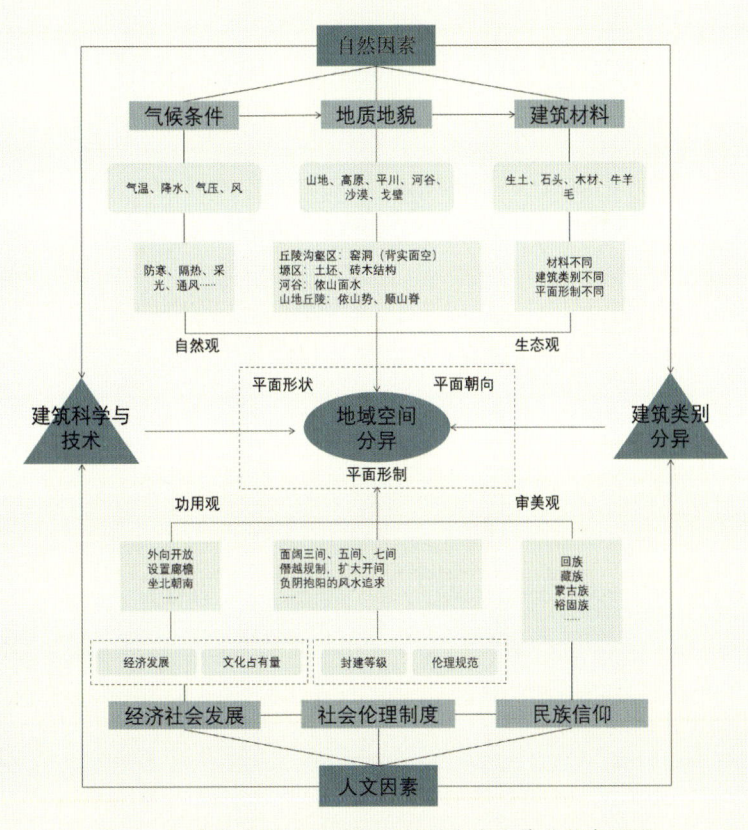

图 2-6 甘肃省传统民居平面形制地域分异的形成原因

（资料来源：庞钰《甘肃省传统民居平面形制地域分异研究——从院落空间到建筑单体》）

1. 自然因素

（1）气候条件

甘肃从南到北囊括了多种气候类型，不同气候条件下，对于建筑的采光、通风、防寒、隔热等基本功能需采取不同的应对措施。

甘肃省大部分地区冬季盛行偏北风，夏季盛行偏南或东南风。综合日照、通风、保暖、防潮等因素，省内大部分地区建筑选择坐北朝南或偏南方向，以避开冬日寒风、迎来夏日凉风，同时可以最大限度地吸收日照阳光。在平面尺度方面，河西、陇中地区通常采用加大进深、减小面宽的形式，在建筑高度一定的情况下，尽可能减少热损失与散热面，以利于保温节能。而陇东、陇东南地区则减小进深、扩大面宽，寻求良好的采光和自然通风，但不利于室内保温。甘南西部及西北部因所处海拔最高，终年气温较低，这里的藏族民居为正方形碉房，布局结构紧凑小巧。临夏等地的"虎抱头"式房屋，将房屋明间的进深退后，形成单间前廊，这样的空间布局更适合于冬季晒太阳、夏天纳凉，下雨时还可避免雨水飞溅。甘肃省不同气候条件地区的民居特征详见图2-7。

河西地区民居院落布局紧凑，单体建筑面宽小、进深大 	陇东南地区民居院落注重通风，单体建筑面宽大、进深小 
甘南西部及西北部藏族民居为正方形碉房，布局结构紧凑小巧 	临夏等地的"虎抱头"式房屋，将房屋明间的进深退后，形成单间前廊 

图 2-7 甘肃省不同气候条件地区的民居特征

(2)地质地貌

甘肃地势自西南向东北倾斜，山地、高原、河谷、平川、戈壁、沙漠等地貌形态交错分布。

位于河谷地带的各类传统民居大多选择背山面水的建筑朝向，如黄河流经的陇中一带部分传统民居群。修建于黄土高原、甘南高原等山地、丘陵地区的民居建筑通常依山势而建，朝向顺山脊方向，层层而下。平原地区的建筑则追求坐北朝南的最佳朝向。较为平坦的塬区主要是土坯、砖木结构的合院式建筑。陇东等丘陵沟壑区民居建筑则以各式窑洞为主。因其建造工艺，窑洞跨度通常小于一般土木石结构的建筑面宽，为保留足够的室内活动空间，窑深反而大于一般民居的房屋进深，这就解释了陇东地区房屋狭长的特征。甘肃省不同地质地貌地区的民居特征详见图2-8。

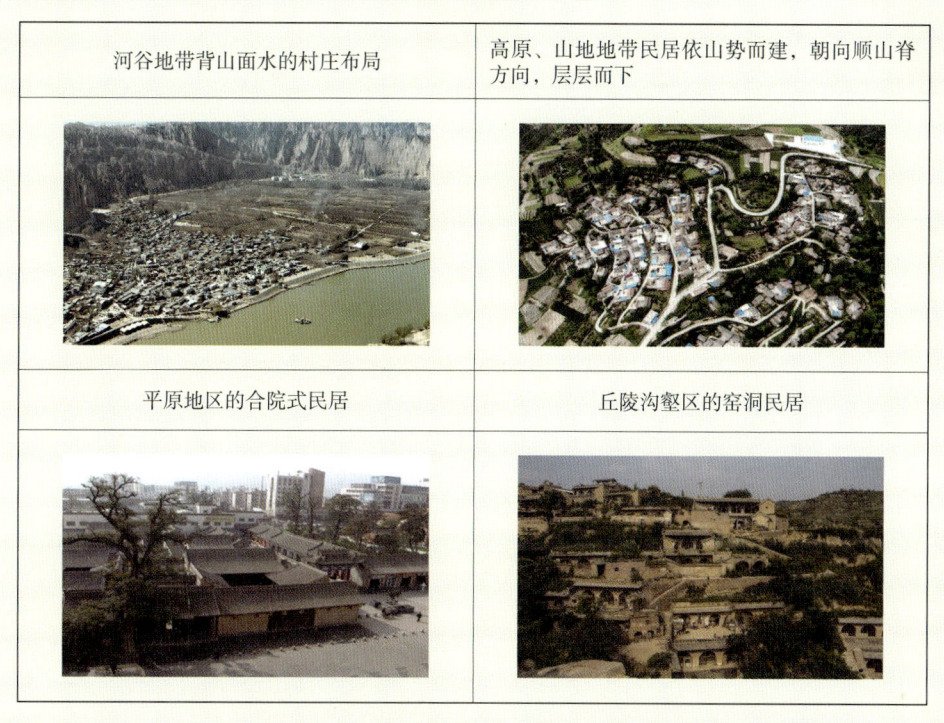

河谷地带背山面水的村庄布局	高原、山地地带民居依山势而建，朝向顺山脊方向，层层而下
平原地区的合院式民居	丘陵沟壑区的窑洞民居

图2-8 甘肃省不同地质地貌地区的民居特征

(3)建筑材料

受气候条件与地质地貌的影响，甘肃省内民居的建筑材料同样存在地区差异。临夏属典型的内陆型干旱气候，木材供应相对匮乏，通过修建小进深

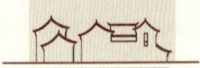

房屋，用较少的型材建造屋架，以获取用材优势；陇中、陇东黄土资源丰富，当地工匠就地取材，建造特殊的大进深、小面宽的窑洞生土建筑；甘南林木稀少但石材丰富，房屋多为石块砌成的碉楼，四方四正、向心封闭。甘肃省各地区民居的建筑材料差异特征详见图2-9。

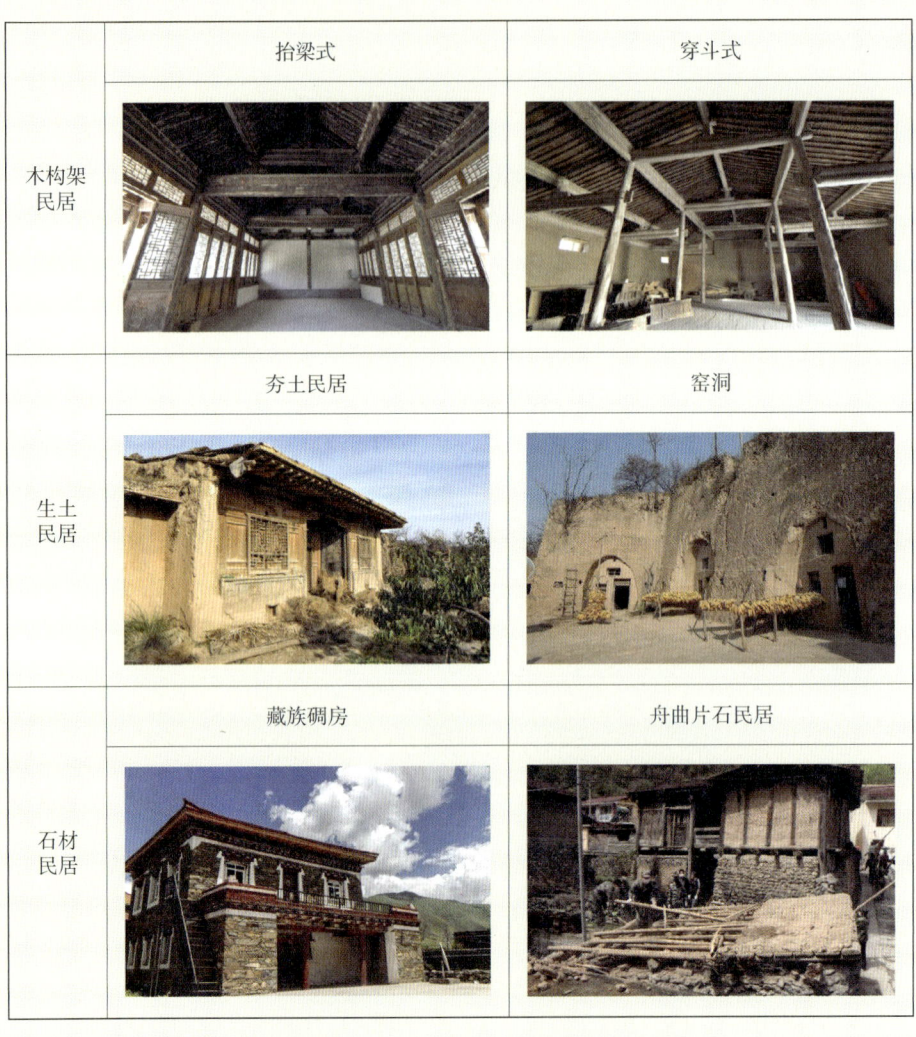

	抬梁式	穿斗式
木构架民居		
	夯土民居	窑洞
生土民居		
	藏族碉房	舟曲片石民居
石材民居		

图2-9 甘肃省各地区民居的建筑材料差异特征

（4）农牧过渡区交错带

年平均400毫米等降水量线在农耕区与牧业区之间，形成了农牧过渡区交错带。甘肃省农牧过渡区交错带对农耕区和游牧区的建筑形制有一定的影响，其中农耕区多以双坡瓦房为主，游牧区多为单坡瓦房并随着降水量的减

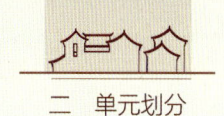

少逐渐减缓坡度以至成为土木平顶屋。由此可见，传统民居建筑瓦房和土木平顶屋的分布明显受降雨量的影响。

综上，自然因素对建筑形制的影响详见表2-2。

表2-2 自然因素对建筑形制的影响

地理位置	自然影响因素	建筑形制
河西走廊	气候干燥、多风少雨、昼夜温差大、太阳辐射强、风沙大	闭合型堡寨式建筑 平面形制下场闭合，大进深、小面宽的单体结构
陇中地区（静宁县—通渭县—陇西县以东）	降水量在500毫米左右	瓦房、窑洞、高房子、土堡
陇中地区（积石山县—临夏市—广河县—临洮县—渭源县—陇西县以南）	降水量约在500毫米以上，气候较为温暖	瓦屋、草房、楼房
陇中地区（兰州—靖远县以北）	降水量为185～290毫米，为干旱气候	土平房、窑洞、高房子
陇东地区	深处黄土高原腹地，黄土覆盖厚度在100米以上，由于河流长期侵蚀、切割，高原面被分割，降水量达400～700毫米	窑洞建筑 大进深、小面宽
陇南、天水	山多平地少、耕地面积少、村民多临水而居、气候潮湿、高温多雨	白龙江谷地的舟曲、武都，白水江谷地的文县多为土木结构平顶房，屋顶用黄土碾成平顶，武都则为砖屋之北限，城内土屋与砖屋并见 文县南部碧口地区多为板屋或瓦屋，康县、徽县、西和县、礼县多为一层、二层瓦房，天水多为秀丽规整的四合院，建筑平面形制进而有一定规格
甘南	所处海拔最高，终年气温较低，高寒地区，气温低、降水少	碉楼建筑 布局方正，采用挑檐式，布局结构紧凑小巧

2. 人文因素

人文因素包括当地经济社会发展、社会伦理制度、民族风俗习惯等，它对民居建筑具有一定的规范和心理暗示作用，这同样体现在建筑单体的平面形制上。

（1）社会经济发展

地区社会经济发展基础直接影响着建筑文化的繁荣程度，官方支持、氏族名人的传承等因素促成了建筑形制的地区差异。

明清时期，兰州、天水、张掖等地经济繁荣、文化优势明显，精致且符合传统院落规制的传统合院存量较多，整体呈现建筑体量较大、外向开放的共同特点。同时此类民居追求精致宜人的居住环境，模仿中原地区的官式建筑，多在正房前设置廊檐，供居住者休闲游憩。房屋进深相对较小，采光更佳。在房屋朝向上，大部分大户人家基于良好的日照和通风以及对"负阴抱阳"的风水追求，选择坐北朝南。此外，商贸发达地区的传统民居出于满足商铺功能需要，会选择朝向街道，面街而筑。

（2）社会伦理制度

封建社会住宅建筑的伦理制度规范非常严格，尤其反映在官宦、富商等中上层人士修建的民居中。明清时期，兰州、武威、天水等地的合院民居建筑群布局规整，受礼制文化的影响，以上堂屋为尊，一般面宽3间、5间或7间，但仍然存在超越封建等级限制、将耳房直接变成正房的两侧梢间的现象，进而形成了开阔大气的建筑风格。这也说明了在房屋本应向心封闭的河西地区为何形成了以武威凉州为代表的开敞式房屋。

兰州、武威、天水、张掖等地区官宦富商住宅较多，其相比普通人家更加重视礼制伦理，故院落中不同功能的建筑单体呈现明显的等级差异，尤其体现在平面形制上。正房多采用檐廊式或"锁子厅"式，开阔宽敞，厢房大多采用"挑檐"式，相比正房进深较小。

（3）民族风俗习惯

甘肃省少数民族众多，尤以回族建筑和藏族建筑特色明显。临夏地区的回族住宅既受汉族建筑艺术的影响，又保留自己的民族风格。其中"虎抱头"式建筑一般面宽3～5间，明间或正中的3间在前廊处凹进。回族民居多围绕清真寺建设，且回族以西为尊，部分回族传统民居继而将主体建筑面东而设。甘南藏族传统民居在其发展过程中，先后出现和保存了帐篷、板屋、碉房、土木平房、土木二层楼房等诸多形制的建筑风格；且不同的生产、生活方式使其在发展演变中表现出传统型、混合型及商业型的不同模式，充分反映出甘南藏族人民在生产生活实践中形成了一整套适应自然、利用自然的独特建筑民居方式与经验，也显示出其在建设与文化领域中具有特殊的价值和意义。甘南藏族民居的内部空间格局，一般为4间，其中3间相通，1间隔为套间，平素一切起居饮食都在此进行，室内四壁上部大多装有壁橱、碗架和佛龛，

下部两面则安装有躺柜,用来放置粮食或者衣物。在屋子的右上角或左上角建有"连锅炕",由 50 厘米高的木制栏将炕与灶台隔开,确保做饭和取暖可以兼得。

人文因素对建筑形制的影响详见表 2-3。

表 2-3 人文因素对建筑形制的影响

地理位置	人文影响因素	建筑形制
陇中及河西地区	经济发展:经济繁荣、文化资源占有量大 伦理制度:传统礼制对民居建筑的间架设置是有规定的,官宦富商住宅较多,其相比普通人家更加重视礼制伦理,故院落中不同功能的建筑单体呈现明显的等级差异	建筑体量较大、外向开放,官式建筑,多在正房前设置廊檐,供居住者休闲游憩,房屋进深相对较小,采光更佳。正房多采用檐廊式或"锁子厅"式,开阔宽敞,厢房大多采用"挑檐"式,相比正房进深较小
临夏	民族风俗:既受汉族建筑艺术的影响,又保留自己的民族风格。回族"以西为尊",在房屋内外部装饰上不容许出现人物或动物画像	一般面宽 3~5 间,明间或正中的 3 间在前廊处凹进。进深小、面宽大的建筑形制,将主体建筑面东而设
甘南	民俗习惯:农牧交错 民族元素:民族元素是民居布局的重要组成部分	人居楼上,下层养殖,室内常悬挂佛像画,各处均有经幡,居民多住山体附近,或背靠山体,或将大门朝向山体
陇南	经济发展:仕宦富绅与普通百姓住宅有所差别	殷实富户和官宦人家都有宽敞厅厦,主房为两坡水明柱厅房,两厢均为有明柱的厦房,外配四拦(廊)门窗,又有过厅,斜砖铺地,屋顶起脊饰瓦兽,以彰显门庭。多数人住普通三间单背房。较贫苦的农民,多住一间或两间小土房。山区村庄存在土窑洞

3. 建筑科学与技术因素

建筑材料和建筑技术是自然环境和社会需求的介体,社会对建筑的种种需求通过建筑手段实现。从原始社会的掘地而居,到具有独特姿态的多种民居形式,民居建筑的发展与构筑技术工艺方面的进步是分不开的。陇东、陇中地区的窑洞具有依山就势、施工简便、造价低廉等优点,当地工匠们挖掘窑洞的技艺成熟,进而建造出大进深、小面宽的窑洞建筑。甘南一带的石材加工、砌筑工艺发达,因此甘南地区大多为封闭式的正方形碉房建筑。陇南一带木材加工制作技艺娴熟,产生了开敞外向的板屋建筑,这种建筑具有防潮散热的优点。

建筑科学与技术因素对甘肃各地区建筑形制的影响详见表2-4。

表2-4 建筑科学与技术因素对建筑形制的影响

地理位置	建筑形制
陇东地区	窑洞具有依山就势、施工简便、造价低廉等优点，当地工匠们挖掘窑洞的技艺成熟，进而建造出大进深、小面宽的窑洞建筑
陇中地区	由于林木的破坏，陇中地区中部和北部居民只能以窑洞、土屋为居室，定西南部地区多为板屋。通过植树造林，窑洞逐渐被房屋取代，瓦房逐渐替代土平房。岷县多为土木结构楼房
河西地区	河西传统民居多为夯土建筑，由于雨水较少，几乎不用做防水，屋面使用芦苇、草泥涂抹屋顶和墙壁。敦煌、安西一带多修筑平顶矮房以便于保暖，因缺乏木材，无法建造高墙
甘南	石材加工、砌筑工艺发达，因此甘南地区大多为封闭式的正方形碉房建筑
陇南	木材加工制作技艺娴熟，产生了开敞外向的板屋建筑，其具有防潮散热的优点

（四）全省五大农村住宅风貌引导单元划分

依据前文分析，可将甘肃全省划分为五大农村住宅风貌引导单元，分别是：

1. 河西地区——酒泉市、嘉峪关市、张掖市、武威市、金昌市；
2. 陇中地区——兰州市、白银市、定西市；
3. 陇东地区——庆阳市、平凉市；
4. 陇东南地区——天水市、陇南市；
5. 民族地区——甘南藏族自治州、临夏回族自治州。

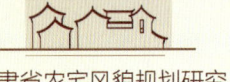

（五）五大风貌引导单元的特色地区确定

甘肃省地域辽阔、文化多样，在基于地理气候、文化习俗划定的五大风貌区中仍存在一些小范围的特色地区与所在风貌区的建筑风格、民俗文化存在较大差异。这些特色地区依据规模和特色类型可分为县级特色地区、有特色的历史文化名村或传统村落以及临近景区重点发展乡村旅游的村庄三类。

1. 县级特色地区

选取各片区内建筑风貌有鲜明特色的地区和民族自治县，如酒泉市敦煌市、阿克塞哈萨克族自治县和肃北蒙古族自治县，武威市天祝藏族自治县等，作为县级特色地区农宅风貌引导的典型示例。

2. 有特色的历史文化名村或传统村落

在全省的54个国家级传统村落和5个国家级历史文化名村及甘肃省传统村落中选取保护利用规划实施较好，风貌特色鲜明且有代表性的村落，如秦安县邵店村、康县朱家沟村等，作为历史文化名村或传统村落农宅风貌引导的典型示例。

3. 临近景区重点发展乡村旅游的村庄

在近期编制的各类村庄规划中选取一些规划方案合理、产业策划详尽、实施效果良好、百姓满意度高的临近景区，重点发展乡村旅游的村庄案例，作为旅游产业型乡村民宅的风貌引导示例。

三

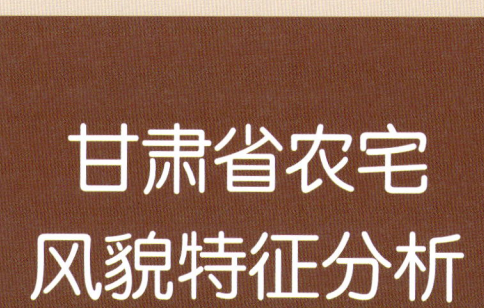

甘肃省农宅风貌特征分析

（一）各风貌单元传统民居建设特征

1. 全省传统民居建筑类型划分

地理环境是人类社会发展的自然基础，也是传统民居形成所必需的发展空间。甘肃复杂多样的自然条件造就了形制各异的传统民居。基于建筑形制差异，并综合考虑空间组合、结构材料、屋面形制、表面修饰、居住方式、居住群体等要素，可以将甘肃省传统民居划分为传统合院式、窑洞式、毡帐式、堡寨式、庄窠式、板屋式及碉房式七个大类（如图3-1所示）。

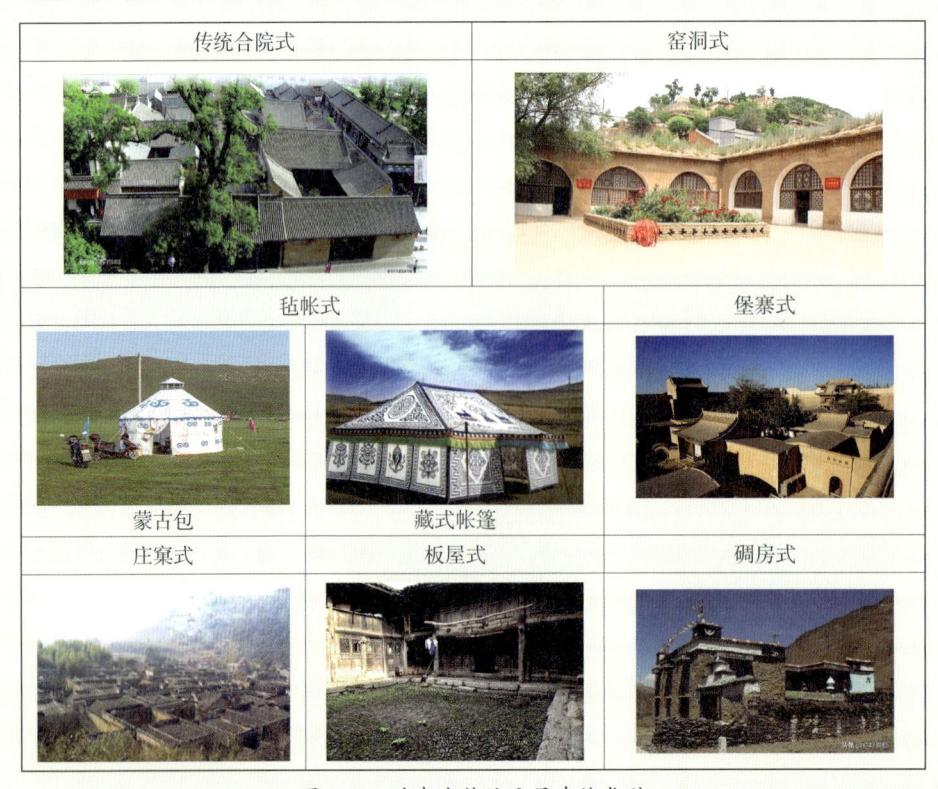

图 3-1　甘肃省传统民居建筑类型

2. 全省传统民居空间分布概况

不同地区的传统合院式民居形制自然不同，可分为河西走廊地区合院、陇中—陇东地区合院、临夏回族合院和天水—陇南地区合院；窑洞式民居因不同的黄土层、地形地势分化出不同的形制，即靠崖式、地坑式和箍窑；毡帐式民居也因生产方式、民族地区等差异，包含毡房、帐篷和蒙古包；堡寨式民居兼顾防风防沙和军事防御功能，集中于河西走廊地区；庄窠式是甘青交界地区农村住宅的常见形式，由版筑黄土墙或土坯砌筑的庄墙包围形成的院落为一个独立单元；板屋式民居分为陇南板屋和甘南藏式榻板房；碉房式民居分为藏式碉房和陇南羌族石碉楼等。甘肃省传统民居建筑类型及特征详见表3-1。

表 3-1 甘肃省传统民居建筑类型及特征

大类	子类	空间组合	主要结构	典型材料	屋顶	代表民族
传统合院	河西走廊地区合院	庭院类	抬梁式或穿斗式	土、木	土泥平顶	汉族
	陇中—陇东地区合院				单、双面坡顶	汉族、回族
	临夏回族合院					回族
	天水——陇东南地区合院					汉族、回族
窑洞	靠崖窑	单幢类	土拱	土	无屋顶	汉族、回族
	地坑窑		土拱、石拱	土、石	土平顶、两面坡顶	汉族
	箍窑					汉族、回族
毡帐	毡房	移居类	木构架	牛羊毛、帆布、木	羊毛毡平顶	哈萨克族、藏族
	帐篷			牛毛、帆布、木	羊毛毡平顶	蒙古族、藏族、裕固族
	蒙古包			羊毛、帆布、木	羊毛毡穹顶	蒙古族
堡寨	——	庭院类	堡墙夯土版筑或土坯修筑；墙内建筑为抬梁或穿斗构架	土、木、石	平屋顶、单双面坡顶	汉族、回族
庄窠	——	庭院类	堡墙夯土版筑或土坯修筑；墙内建筑为抬梁或穿斗构架	土、木、石	平屋顶、单双面坡顶	汉族、回族、东乡族、撒拉族、保安族、藏族、土族

续表

大类	子类	空间组合	主要结构	典型材料	屋顶	代表民族
板屋	陇南板屋	庭院类	抬梁或穿斗构架	木、土、石	双面坡木瓦屋顶	汉族、藏族、羌族
	甘南藏式榻板房	单幢类			平顶式或两面坡石屋顶	藏族、羌族
碉房	藏式碉房	单幢类	木梁密檩	石、木、土	土泥平顶	藏族
	陇南羌族石碉楼					羌族

（1）河西走廊地区：堡寨、庄窠、传统合院、毡帐

河西走廊地区地域广阔，土地面积占甘肃省一半以上，包括西段的敦煌、安西凹地，中段的张掖、民乐和酒泉盆地，以及东段的武威、民勤盆地。河西走廊特殊的气候影响了本地区传统民居形制，河西地区合院相比其他地区的合院，院落均建有高大厚重的围墙。

武威凉州区与张掖甘州区两地在明清时期社会经济发达。同时，两地均为国家级历史文化名城，留存下来的民居建筑数量很多，多为传统意义上的汉式长方形四合院。

此外，河西走廊地区居住着哈萨克族、蒙古族、裕固族和藏族等少数民族，他们主要从事牧业、半农半牧业，帐篷、毡房和蒙古包等毡帐式建筑是当地人过去最主要的民居类别。其中，酒泉阿克塞哈萨克族自治县的哈萨克族人以牧业为主，逐水草而居。因此，牧民冬春住土房，夏秋两季住毡房。毡房一般有两种形式：一种是温暖时期居住的流动式房屋，另一种是供冬季居住的固定式土木结构建筑。蒙古族民居建筑具有典型的游牧文化特征，历史上先后出现帐篷、车金格勒和蒙古包等不同的住宅形制。肃南的裕固族为甘肃独有的少数民族。曾经的裕固族也随水草迁徙，游牧生活促使其民居类别多为帐篷。

河西走廊地区夯土堡寨式民居、毡房和车金格勒如图 3-2 所示。

夯土堡寨式民居	毡房	车金格勒

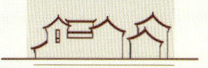

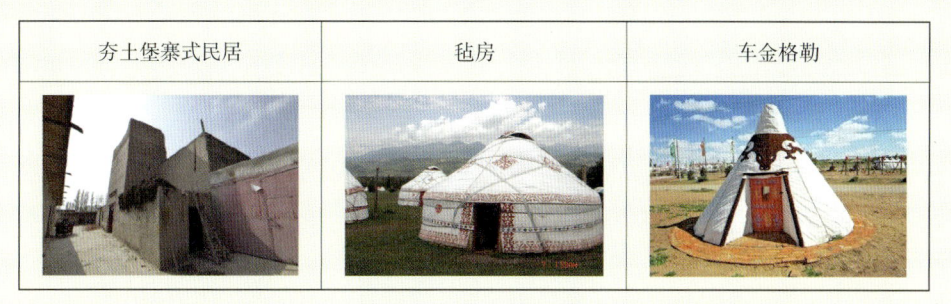

图 3-2　河西走廊地区部分民居形制

资料来源：齐向颖《"丝绸之路"甘肃段传统民居建筑艺术及民俗文化研究》等

（2）陇中地区：传统合院、窑洞、堡寨

陇中的白银及定西部分地区经济条件相对落后，土地贫瘠，干旱少雨。该地区传统民居主要类别为合院式建筑、窑洞以及堡寨式建筑。其中合院式民居是最普遍的居住形式。陇中南部地区（临洮、陇西、岷县等地）的夯土式围墙合院受陇南、甘南地区建筑文化影响，陇中北部地区（景泰、会宁、靖远、通渭等地）与宁夏相接，其合院建筑艺术与风格属于同一文化圈，民居院落中"高房子"式建筑较为常见，建筑形制较为单调简陋。

陇中以会宁为代表的部分地区的早期窑洞建筑也得以保存至今，主要与中国近现代革命运动、中国共产党早期在此开展革命活动有关，该地的窑洞建筑已成为近现代重要革命史迹和旧址，得到妥善保护与管理。

陇中的兰州市区内的文物建筑、历史遗迹大部分遭到破坏，但其周边地区的金崖镇、青城镇、连城镇、河口镇保存有大量完整的合院式传统民居建筑群，已被列为不同级别的历史文化名村名镇、传统村落、文物保护单位等，成为甘肃境内最珍贵的传统民居建筑留存区域。

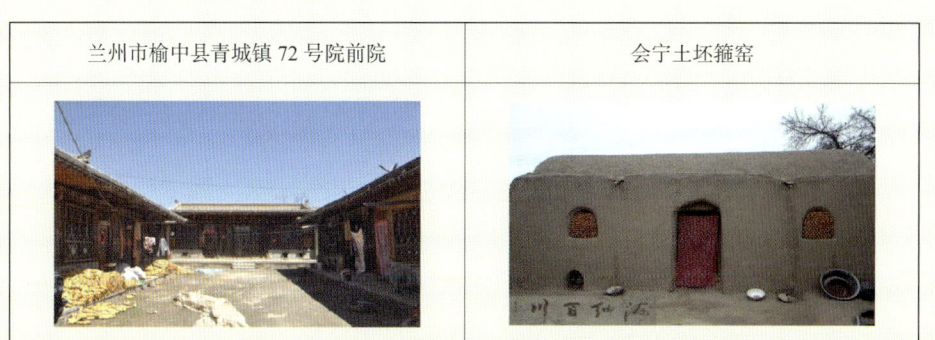

陇中地区民居形制如图 3-3 所示。

兰州市榆中县青城镇 72 号院前院	会宁土坯箍窑

"高房子"瓦房院落	废弃的靠崖窑

图 3-3 陇中地区民居形制

资料来源：齐向颖《"丝绸之路"甘肃段传统民居建筑艺术及民俗文化研究》、高小强《甘青传统民居地理研究》等

（3）陇东地区：传统合院、窑洞

庆阳、平凉两地地处世界上最大的黄土高原，是先周文化的发源地。由于这里的森林资源匮乏，民居建筑以黄土窑洞为主。从史前时期至现当代社会，生活在这里的人们世世代代以窑居为主，形成了丰富的窑居文化。窑居文化是深深扎根于黄土高原的一种地域文化。陇东地区也是中国近现代革命运动的大后方，革命遗址丰富，进而保留下来一批窑洞革命遗址。平凉、庆阳两地的窑洞建筑略有区别，庆阳境内多靠崖窑和地坑窑，平凉境内多地坑窑。

陇东地区民居形制如图 3-4 所示。

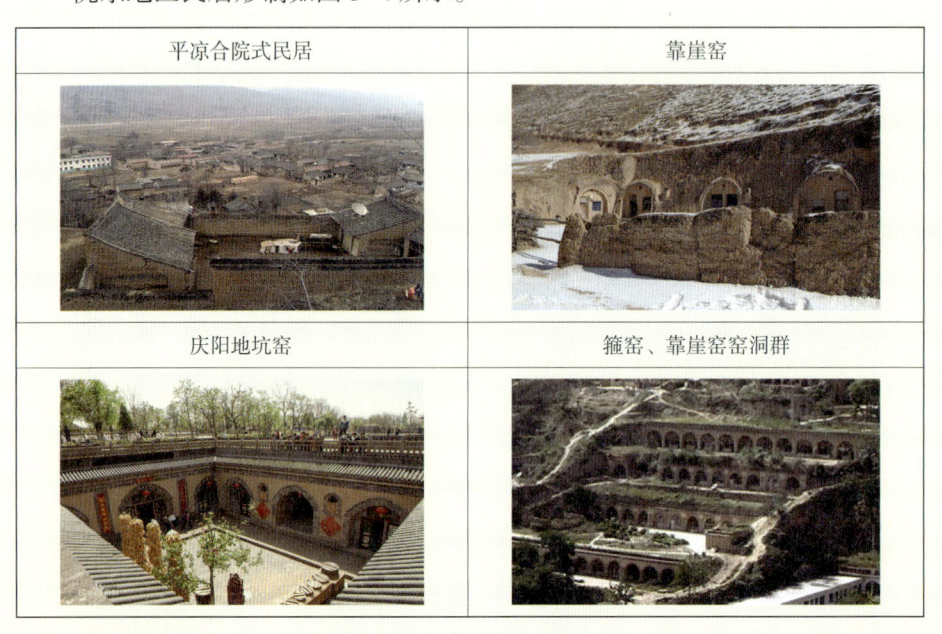

平凉合院式民居	靠崖窑
庆阳地坑窑	箍窑、靠崖窑窑洞群

图 3-4 陇东地区民居形制

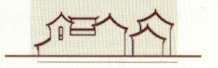

（4）陇东南地区：板屋、碉房、传统合院

陇南市与巴蜀相邻，是甘肃境内历史上移民最多的地区之一。民居建筑深受外来文化的影响，表现出丰富的地域性和多民族文化特征，既有中原地区流传下来的传统四合院，又有矗立于少数民族村寨中的羌族、藏族碉房建筑，还有大量的藏式板屋建筑。陇南的汉族合院式民居，无论是"人"字坡顶还是单面坡顶，主要房屋均为二层楼阁式硬山结构，与天水地区的民居建筑结构相近，流行于相同的时期。石碉楼是陇南羌族民居建筑中最多也是最重要的一种。陇南羌族石碉楼一般建于高山和半山台地上，建筑平面四方四正，墙体用石片堆叠而成，从底至顶逐渐收分，平顶，呈梯形，今主要分布于宕昌县境内的岷江至白龙江流域的河谷地带，从官鹅藏族自治乡开始，经新城子、甘江头、官亭、秦峪、两河口、沙湾等乡镇，一路均可见羌族石碉楼。

天水市以秦州区为代表，厚重的历史文化积淀融入大量传统文化街区之中，这些街区保存有丰富的造型精致、布局规整、装饰华丽的四合院民居建筑群，可与中原和京畿地区相媲美。天水地处南北交通要道，受到南、北方传统文化的双重影响，兼具北方民居的大气粗犷和南方民居的精巧秀美特征，具有浓郁的地域文化特征。天水的合院建筑结构和布局非常精致，房屋建筑或砖石砌筑，或土坯、砖石混合砌筑，不是陇东、陇中地区流行的夯土版筑形式。同时，天水合院门饰精细，屋顶装饰花样繁多，砖木雕饰艺术成就很高，总体表现出规整、精致的艺术风格。

陇东南地区民居形制如图 3-5 所示。

| 陇南康县贾家院 | 陇南羌族石碉楼 | 天水胡氏民居 |

图 3-5　陇东南地区民居形制

（5）民族地区：临夏——传统合院、庄窠

临夏回族自治州是甘肃省穆斯林民居文化的核心区，回族、撒拉族、保安族、东乡族等民族的穆斯林群众集中居住于此，传统民居建筑自成体系。

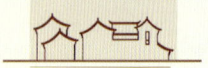

该地区有大量以临夏八坊十三街民居群为代表的围绕清真寺而建的穆斯林合院式民居建筑群，以及甘青交界处的夯土版筑而成的撒拉族庄窠院。这里的民居建筑文化表现出很强的兼容性，建筑形制、布局及雕饰艺术在很大程度上继承、吸收和借鉴了当地汉族传统民居建筑风格，又饱含着丰富的穆斯林文化元素，充分张扬自身的文化个性，形成多元建筑文化汇聚、整合、重构特征。

明、清至民国一段时期内，青海和甘肃同属一地，民居建筑文化在相互毗邻的地区表现出明显的共同地域特征，如与青海毗邻的临夏地区也有相当数量的庄窠式民居。积石山保安族东乡族撒拉族自治县是甘肃庄窠式民居的集中分布地，整个河湟区域在建筑文化上均属同一体系。另外，天祝藏族自治县和永登县也有不少庄窠院，主要由藏族、土族和汉族人民修建。

民族地区民居形制如图3-6所示。

临夏"虎抱头"式建筑	临夏"钥匙头"式建筑	撒拉族庄窠院

图3-6　民族地区民居形制

（6）甘南地区：碉房、毡帐、板屋（榻板房）

甘南藏族自治州是藏族人的聚居地，这里有独特的民族、民风和民俗，甘南地区的藏族大多分布在高原地区、半农半牧区。甘南地区的民居建筑主要以碉房式合院、毡帐、板屋三种形式存在。其中，碉房以石材构筑，独门独院，大量使用平顶样式，"外不见木、内不见石"，布局形态呈现"藏民住一坡，家家有院落，户户住碉楼"的特征，碉房式建筑从构筑材料、样式到平面布局，都体现了藏式民居建筑对当地环境的适应性。同时，甘南牧区普遍存在的帐篷、毡房等毡帐式民居也是甘南藏族牧民为适应四季游牧生活建造而成。甘南的板屋式民居在当地被称为"木楞子""搭板房"，主要分布在甘南中部、东南部的森林河谷和丘陵低山地的迭部、舟曲、卓尼等地，

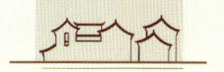

三　甘肃省农宅风貌特征分析

这里多为农区和林区交错的半农半牧区。甘南地区的板屋构筑方式与陇南板屋最大的区别在屋顶形制方面，陇南的板屋屋顶均为双坡顶式，甘南藏族板屋多为平顶式，也有两面坡顶者，但做工与陇南的明显不同，如卓尼县等地的房屋两面坡木板屋顶上既不抹泥，也不布瓦，仅用一些石块压住。

甘南地区民居形制如图 3-7 所示。

碉房	板屋
板屋群	毡帐

图 3-7　甘南地区民居形制

033

（二）突出问题

1. 农村风貌城市化

村庄迁并集中安置是近年来村庄建设的主要方式，受用地紧张等多重因素影响，分散居住的村民集中安置，原本依山就势、灵活自由的田园格局一部分形成呆板单调的"兵营式"布局，乡村特色和田园风貌缺失。在土地审批、村庄规划编制、建设方案审查等环节，应针对农村地区特点，避免照搬城市建设模式，塑造符合村庄实际的田园风貌。

2. 农村风貌趋同化

近年来由于建造技术和工艺提升，各地农村建设出现建筑风格和色彩趋同化现象，对传统民居形制和特色元素运用不足，造成传统地域风貌逐渐消失。各地在村庄建设中应尽量避免简单照搬国外、省外等地区建筑风格，而应加强对当地传统民居建筑形制、色彩、元素在新时期村庄建设中的运用，加强建设方案审查，塑造地域文化特色鲜明的村庄风貌。

3. 规划管理监管弱

近年来建设盲目性大，农民宅基地选址不规范，存在"一户多宅、未批先建、少批多占"现象，村庄规划建设缺乏整体统筹，村庄建房规划许可监管不足。各地应进一步加强乡村规划建设管理，有序推进责任规划师制度和服务平台建设，强化村民主体和村党组织、村民委员会的主导地位，确保村庄住宅风貌有效落地实施。

4. 农宅建设美感低

农宅色彩方面。农宅色彩是提升村落整体形象美感的重要内容。现在部分地区把农宅简单刷白或者刷成各种刺眼的、不符合传统的颜色,甚至大面积集中新建农宅采用单一或刺眼的色彩,造成视觉审美压抑,风貌单调无味。各地在村庄建设中,屋面和外立面色彩的选择应以当地传统民居色彩为基础,应使用中低明度和中低饱和度的色彩,避免高纯度色彩,塑造富有艺术美感的村庄形象。

墙面装饰方面。村庄住宅外立面装饰是村庄风貌的重要方面,现状部分农宅外立面为简单水泥墙面,部分农宅外立面全部贴上瓷砖,或仅在正面贴上瓷砖,侧面则是水泥或砖墙,瓷砖脱落现象严重,存在安全隐患且风貌不佳。各地在村庄建设中应加强外立面装饰的引导,避免瓷砖贴得过高(建议不高于地面1米),避免大面积裸露水泥墙面,鼓励使用喷涂等技术。

彩钢板房方面。近年来农村大量使用纯蓝、纯红、纯黄等颜色突兀刺眼的彩钢板房,多为村民临时仓储用房,严重破坏村庄自然和谐的田园风貌。各地应加强对临时彩钢板房建设的监管力度,制定相关规定,在确有必要建设彩钢板房时,其色彩、形式等方面应与村庄住宅风貌相协调。

四

目标与策略

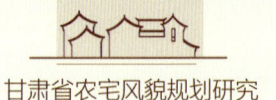

（一）规划目标

甘肃省历史悠久，是华夏文明发祥地之一，"上下八千年、纵横三千里"是甘肃特有的地理和历史文化底蕴。在当前乡村振兴战略深入实施的背景下，进行甘肃省农宅风貌规划，有助于在农村住宅风貌方面延续和传承地域文化，塑造"品质田园、多彩陇原"农村住宅风貌和特有气质，助力甘肃乡村振兴和乡村地区高质量发展。

甘肃农宅风貌规划的总体目标是打造"品质田园 多彩陇原"。

品质田园：通过农村住宅风貌优化提升，塑造区别于城市地区的乡村风貌，按照"填平补齐、优化提升"的原则，尊重村庄自然地理格局和文化民俗，延续村庄传统街巷肌理和建筑布局，通过对各风貌单元中一般地区和特色化地区农宅风貌引导，形成整体统一、特色突出的高品质村庄田园风貌，使农村成为城市居民向往的地方。

多彩陇原：甘肃省地域辽阔、文化底蕴深厚，各地差异性大，形成了独特的多样化陇原风貌特征，有"上下八千年、纵横三千里"之说。通过对河西、陇中、陇东、陇东南和民族地区等地域单元典型农宅风貌的梳理，坚持传承传统文化和创新相结合，塑造多姿多彩的陇原农宅风貌，建设各具特色、不同风格的"陇派"美丽村庄。

（二）规划策略

1. 分区引导

　　甘肃省地域狭长，地理气候、民俗文化、生产方式各地差异化明显，本研究按照分地域单元和特色地区制定农村住宅风貌规划要求，更具指导性和可操作性。本研究将甘肃全省划分为河西、陇中、陇东、陇东南、民族地区五个单元，以市州为单位分别制定规划内容。特色地区是指各地风貌存在明显差异的县级单元，如酒泉市敦煌、阿克塞和肃北，武威市天祝等；历史文化名村或传统村落，如秦安县邵店村、康县朱家沟村等；临近景区重点发展乡村旅游的村庄，如榆中县浪街村、甘州区速展村等。

2. 细化指引

　　本研究通过对各地历史文化和地理环境等方面的梳理，深入研究各地区地域传统民居特色要素，结合新时代生产生活方式的变化，以市州为单元凝练出三个以上农村住宅风貌和院落布局示例；结合农宅风貌效果图，制定门窗、外墙、屋面、纹饰等建筑细部元素引导要求，并提供建筑工程措施引导，指导农村住宅统一建设和村民自发建设。

3. 强化管控

　　强化农宅风貌的规划建设管控。农宅风貌管控要求作为村庄规划的重要内容纳入国土空间规划"一张图"实施监督信息系统。农宅风貌管控要求纳入村庄规划许可，作为农村住宅新建和改建的指导依据。

（三）农宅风貌负面清单

村庄规划和建设不能脱离村庄实际，不能照搬城镇模式，要体现村庄地域和文化特征，使人们能够感受田园情怀、山水关系和乡村记忆。本研究结合甘肃省村庄建设中存在的突出问题，制定农宅风貌负面清单，包括禁止和避免两类负面清单。负面清单包括4类10项，其中严禁类7项，是需要重点管控严格禁止的类型；避免类3项，属于非约束性、尽量避免出现的类型（详见表4-1）。

表4-1 甘肃农宅风貌负面清单

序 号	负面清单
一	新建农宅
1	严禁违反村庄规划、乡村建设规划许可等管理要求进行建设
2	严禁占用永久基本农田，严格落实"一户一宅"政策
3	避免单调的"兵营式"布局和大面积使用明度过高、不符合传统风貌的色彩
二	既有农宅整治
4	严禁拆除已被确定为文物保护单位、文化遗产、历史建筑和具有较高科学、历史研究及纪念价值的老房老屋
5	避免不切实际的大拆大建，避免只做简单刷白或者刷成纯度较高不符合当地传统风貌的色彩
三	乡土环境和景观
6	严禁破坏生态环境砍树挖山，严禁破坏古树名木和珍贵树木及其生存的自然环境
7	严禁过度人为造景，建设过多或过度建设公园、广场和牌坊
8	避免对河流、沟渠、池塘等水体驳岸过度硬化，避免大面积硬化破坏传统风貌
四	历史文化名村、传统村落保护
9	严禁人为破坏与村落相互依存的自然景观和环境
10	严禁对文物保护单位、历史建筑、传统风貌建筑和老街、老巷等采取不符合传统风貌要求的修缮行为

（四）既有农房改造策略

老旧农房改造应以完善农房功能、提高农房品质、改善村容村貌为重点，有序推进、分类实施，全面落实甘肃省农房风貌的提升改造工作。

1. 对结构完整、风貌和谐、质量良好、合法合规的存量农房保持现状。

2. 对严重危及安全、无保存价值的农房要采取拆迁整治；对年代较新、风格不协调的可进行立面完善等局部改造。

3. 对年代久远、局部破损、有地方特色和使用价值的砖木、砖土木房屋可加固修缮、活化利用。围绕改变"三土"（土院、土墙、土顶）风貌，鼓励整村推进农房外立面改造，风貌改造要本着美观、统一、经济、实用的原则，采取屋顶铺油毡、顶边加屋檐、墙体搞修缮、墙头披砖瓦、院内增绿植、外围巧装扮的办法，既保护传统文化风貌，又融入现代技术和文化元素。具体工作中要防止过度装饰、大拆大建、简单刷白墙等不合时宜的做法。

4. 新建农房要严格按设计要求进行，因地制宜推广住房功能现代化、风貌乡土化、成本经济、结构安全、绿色环保的现代农房。

5. 新建或改造农房按照规划在满足设计要求的基础上，积极推广农房屋面铺设太阳能板，达到经济、美观的效果并符合乡村建筑风貌。

五

河西地区农宅风貌规划

河西地区主要包括"河西五市"——酒泉市、嘉峪关市、张掖市、金昌市、武威市。其中，特色地区主要有敦煌市、天祝藏族自治县、甘州区甘浚镇速展村等。

1. 自然环境——"沙漠戈壁"与"绿洲田园"交织

河西地区地貌可分为南部祁连山地区、中部平原地区、北部北山地区，其中中部地区地势平坦，海拔1500米左右。河西地区东段为石羊河水系，西段为疏勒河水系，沿河冲积平原形成武威、张掖、酒泉、敦煌等大片绿洲。河西地区民居分布较为紧凑，村庄肌理较为规整。其余广大地区以风力作用和干燥剥蚀作用为主，戈壁和沙漠广泛分布，尤其是嘉峪关以西，戈壁面积广大，绿洲面积小。河西地区气候干旱，降水量不足200毫米，地表蒸发量及昼夜温差均较大，但在祁连山4500米以上的高山上，有着丰厚的永久积雪和史前冰川覆盖，冰雪融水丰富，为大量绿洲和耕地提供了大量源头活水，河西走廊因此成为西北地区重要的现代制种、商品粮基地和经济作物集中产地。

2. 文化特征——"农耕文化"与"游牧文化"融合

河西地区因其特殊的地理位置和战略地位，成为历史上重要的兵戎之地，以及东西方文明交流的黄金通道，经过长时间的发展，促成了民族和文化融合。今天的河西地区仍然是多民族聚集区域，并与青海、宁夏、新疆、西藏、内蒙古等省区的少数民族保持紧密联系，形成了特色鲜明的多样性民族文化。在河西地区居住的民族主要包括汉族、藏族、回族、蒙古族、满族、哈萨克族、土族、裕固族等，其中裕固族源于河西回鹘，主要聚居于张掖市肃南裕固族自治县和酒泉市黄泥堡地区，是河西地区特有的少数民族之一。不同民族生活生产方式的差异、文化背景的不同，以及地域环境的独特性，使得河西地区成为农耕文化和游牧文化融合的重要区域。因而河西地区院落形制多有后院，用于饲养牲畜及晾晒谷物。

3. 民居特征——"大巧若拙"与"质朴情怀"兼具

河西地区降水少，风沙和昼夜温差大，因此河西地区民居建筑多为合院式，四合院居多，面阔较小、进深较大，内部敞亮，外部围合封闭，屋顶多为平顶及缓坡顶，建筑多采用夯土和土坯的砌筑方式，整体造型规整、质朴。由于木料稀缺，民居外墙少有装饰，重点位于门楼、窗棂。门楼采用木雕、砖雕、石雕等相结合的方式进行装饰，其艺术处理主要体现在檐下装饰，如雀替、花板、燕切子、垂花柱等。在装饰纹样中，多采用组合而成的几何纹样，以及简洁抽象、寓意美好的植物花卉纹样、菱形纹样、弧形纹样，例如如意云纹，代表吉祥平安、家族兴旺。窗棂兼顾美观和实用，以方格纹、回字纹居多。朴素自然的美学特征，凸显出河西地区民居建筑简洁精致、不刻意为之的自然之气。

（一）酒泉市、嘉峪关市

嘉峪关历史上隶属于酒泉市，两者在历史文化、自然环境等方面具有相似性，因此，本书以酒泉市为例来进行两市农宅风貌规划研究。

1. 地区概况

（1）历史文化

酒泉为汉代河西四郡之一，丝绸之路重镇，因"城下有泉""其水若酒"而得名。山脉连绵，戈壁浩瀚，盆地毗连，构成了酒泉雄浑独特的西北风光。酒泉素有"西汉胜境、瀚海明珠"的美誉，历史上关隘要塞、长城烽燧、大漠驼铃，多重要素积淀了酒泉丰厚的文化底蕴，显示出气势豪迈的壮美画卷，多民族汇集则孕育了灿烂的多元文化艺术。边塞历史使得酒泉传统建筑体现厚重遗风，形制统一整齐。

（2）地域环境

酒泉市位于甘肃省西北部河西走廊西端的阿尔金山、祁连山与马鬃山（北山）之间，属大陆性干旱气候，建筑气候区划为严寒地区，气候特点是降水少，蒸发量大，日照长，昼夜温差显著，夏季炎热，冬季寒冷，干旱多风。酒泉的农宅建筑非常防风沙和日照辐射，注重保温、自然通风，空间围合性强。

2. 传统元素梳理

（1）农宅特点

酒泉地区村落多位于平坦地带，村落呈组团布局。农宅以合院为主，建筑布局中轴对称。院落分为前院、后院，且功能分明。传统民居多以砖、夯土、瓦、木材为主，多见砖木、砖混结构。建筑门庭高阔，且院墙多高于门头。

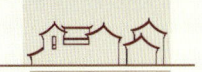

屋面平缓，檐口厚重，建造技艺浑厚朴实。建筑装饰有木构窗花、花砖台阶铺地、砖花女儿墙。其中，农村住宅多为独门独户，户门开向巷道，房屋外墙设有高窗，以便借助巷道产生的风道作用使室内空气自然对流。围墙、女儿墙顶部用砖做研磨拼图造型，工艺精美。院内种有植被，以便夏季蔽日纳凉。

当地农宅风貌设计将传统元素与现代风格相结合，兼顾农宅的美观性、舒适性和经济性，传承地域文化，提升村落风貌。

建筑采用"前庭后院"的布局，以传统院落为核心组织农宅各部分功能。院落排布根据村民的现代生产、生活习惯，设置堂屋、厢房、倒坐、耳房等房间，平面布局合理紧凑。

（2）建筑材质、肌理、色彩、符号

建筑材质、肌理、色彩、符号的表现如下。

材质：传统民居建筑材料以砖、土、瓦、木为主，大部分是土木结构，有特色的四合院为砖木结构。

肌理：合院肌理厚重，外表形式粗犷，围合封闭，民居多见单坡和平顶形式。

色彩：主色调为浅暖灰色，屋顶青瓦和红瓦均有存在，墙面浅灰、浅土、浅砖红色。

符号：传统民居装饰简化，功能实用，风格朴实，屋脊有汉风和明清四合院表现，木作装饰。

酒泉传统和新建民居如图 5-1 和图 5-2 所示。

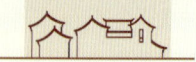

图 5-1 酒泉传统民居

图 5-2 酒泉新建民居

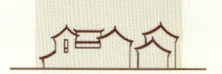

3. 农宅建筑细部（图 5-3）

门窗

外墙

屋面

纹饰

1. 堂屋木门　2. 木质屏门　3. 木质窗　4. 土坯院墙　5. 夯土墙　6. 砖砌外墙　7. 屋脊
8. 檐椽　9. 脊兽　10. 华拱　11. 屋檐

图 5-3　酒泉农宅建筑细部

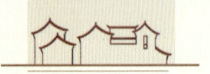

4. 建筑风貌

院落布局——民居以合院形式为主，空间布局均衡，高墙院落，封闭性强。生活院落进深大，布局呈前后院落，常见暖廊保温，院落顶棚有遮阳措施。

建筑形制——民居建筑由院墙围合成院落，建筑风格简明粗犷，屋顶厚重兼有晒台，开小窗，有遮阳措施；建构技术简单，色彩较单一，墙面局部有简单装饰；整体风格封闭紧凑。屋顶以平顶为主，四周辅以坡檐口作为装饰，形式厚重且单纯。

材质色彩——建筑材质以黏土、砖、木、瓦为主。主色调以白、浅灰和浅暖色为主，局部以红色点缀。

5. 典型农宅风貌

（1）典型农宅风貌示例一（图5-4）

（1）村庄效果图

五　河西地区农宅风貌规划

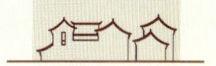

（2）农宅效果图

单位：mm

一层平面图

用地面积：192m²
建筑面积：125.1m²

（3）平面图

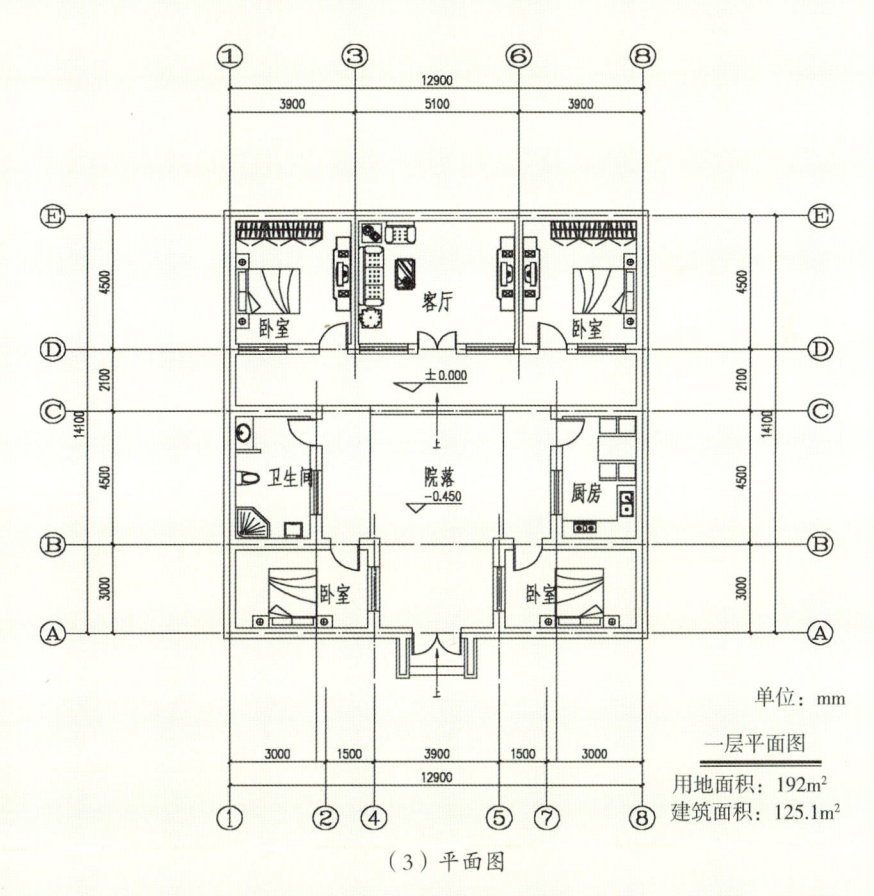

图5-4　酒泉典型农宅风貌（一）

051

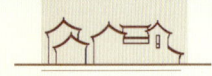

（2）典型农宅风貌示例二（图 5-5）

（1）效果图 1

（2）效果图 2

图 5-5　酒泉典型农宅风貌（二）

五　河西地区农宅风貌规划

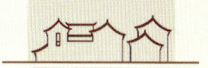

（3）典型农宅风貌示例三（图 5-6）

（1）效果图 1

（2）效果图 2

图 5-6　酒泉典型农宅风貌（三）

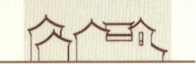

（4）典型农宅风貌示例四（图 5-7）

（1）效果图 1

（2）效果图 2
图 5-7　酒泉典型农宅风貌（四）

（5）典型农宅风貌示例五（图5-8）

（1）效果图1

（2）效果图2

图5-8　酒泉典型农宅风貌（五）

（6）典型农宅风貌示例六——民族地区民居（肃北蒙古族）（图 5-9）

（1）效果图 1

（2）效果图 2

图 5-9　酒泉典型农宅风貌（六）

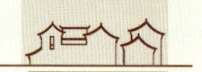

6. 典型农宅院落布局

酒泉典型农宅院落布局详见图 5-10。

（1）典型农宅院落效果图

（2）村庄效果图

甘肃省农宅风貌规划研究

单位：mm

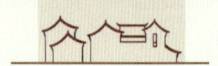

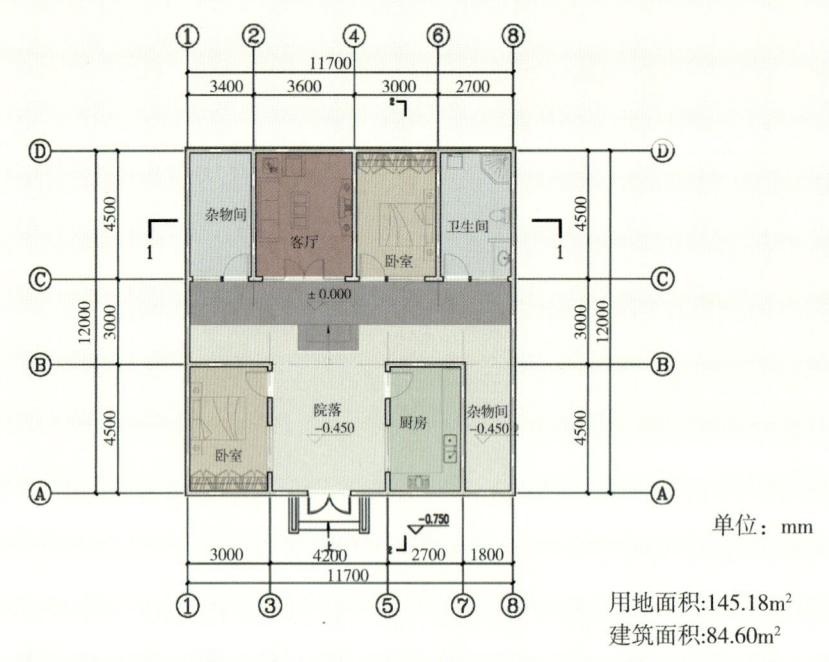

用地面积:145.18m²
建筑面积:84.60m²

（3）一层平面图

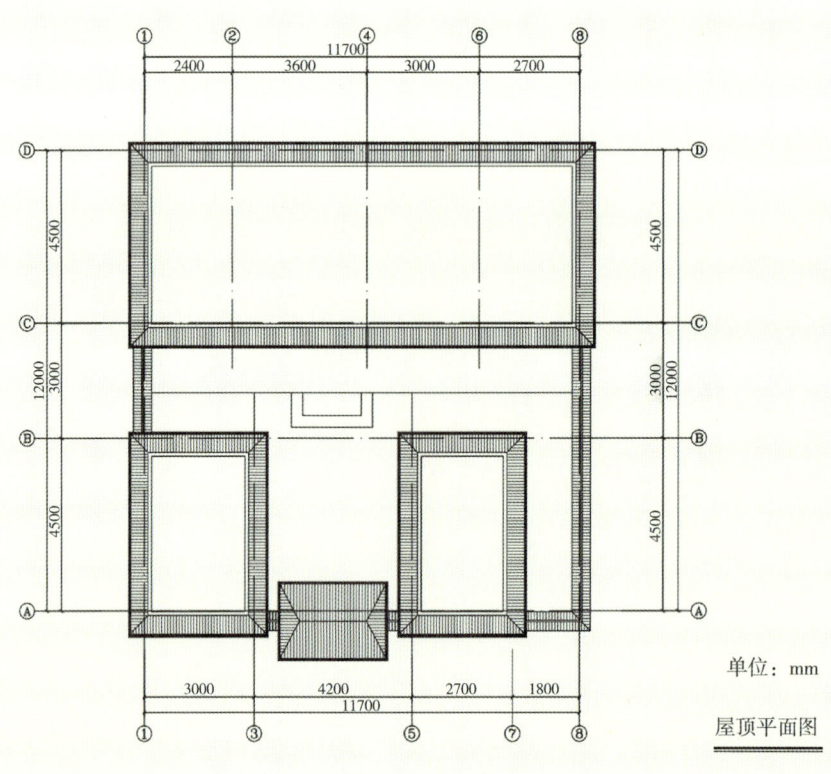

单位：mm

屋顶平面图

（4）屋顶平面图

058

五 河西地区农宅风貌规划

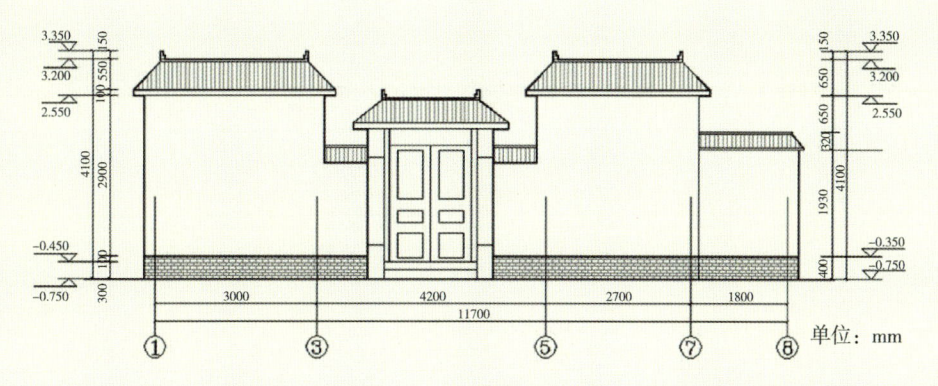

（5）南立面图 1

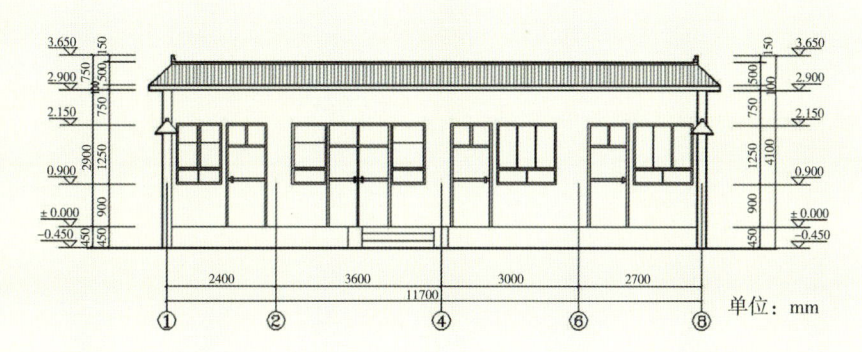

（6）南立面图 2

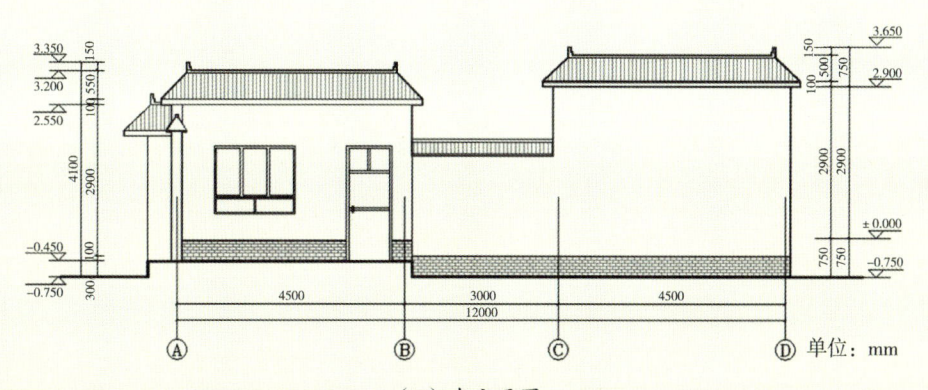

（7）东立面图

059

（8）1-1剖面图

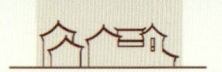

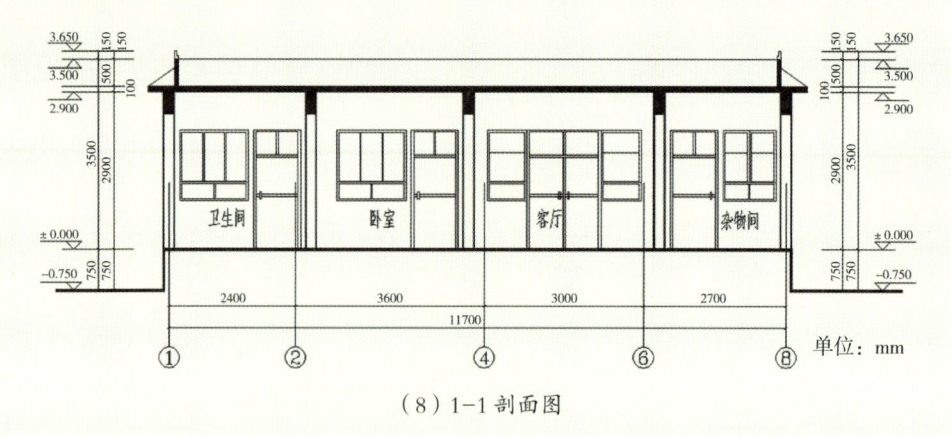

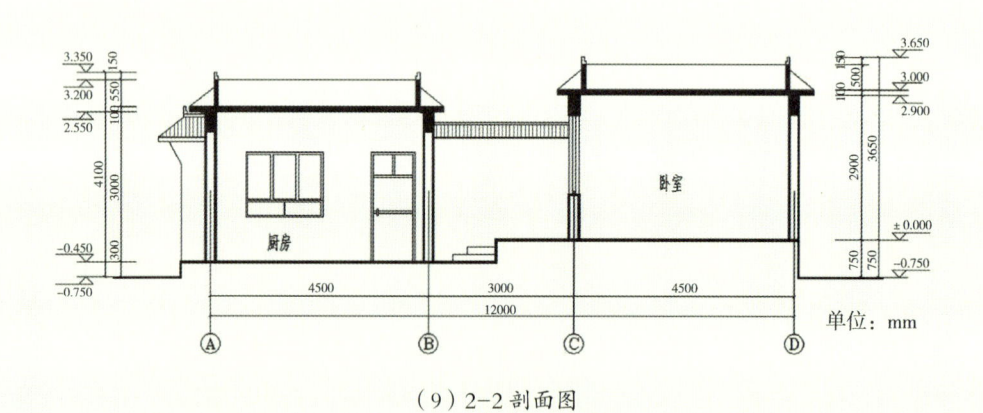

（9）2-2剖面图

图5-10 酒泉典型农宅院落布局

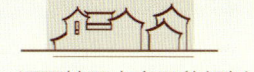

（二）敦煌市

1. 地区概况

（1）历史文化

敦煌位于河西走廊的最西端，地处甘肃、青海、新疆三省（区）的交会处，有着悠久的历史和灿烂的文化，以"戈壁奇景、丝路流韵、文明交汇"而举世瞩目，其"兴于汉魏，盛于隋唐"，是古丝绸之路上一颗璀璨的明珠。这里以"敦煌石窟""敦煌壁画"闻名天下，是世界遗产莫高窟和汉长城边陲玉门关、阳关的所在地。它在历史上曾是西北军政中心、文化商业重地，是一座历史文化名城。敦煌建筑形态呈现文化汇集的多样性，农宅主要特征是符合当地沙漠性气候，我们可从厚重的"敦煌文化"中探索其民居的特性。

（2）地域环境

敦煌属典型的温带干旱性气候，建筑气候区划为严寒地区，特点是气候干燥，降雨量少，蒸发量大，昼夜温差大，日照时间长。党河冲积扇带和疏勒河冲积平原，构成了敦煌内陆平原。一望无际的沙漠和大片绿洲，形成了敦煌独特的自然风貌，敦煌也是甘肃省四大绿洲之一。

2. 传统元素梳理

（1）农宅特点

敦煌传统民居建筑（图5-11）以合院形式为主，高大夯土围墙，外形厚重，厚墙小窗。空间上呈长方形纵向布局，院落分前后院落，狭长且围合成天井，天井有遮阳。建筑正面设有檐廊，并多用玻璃封闭作为暖廊。农村常见土木、砖木结构住房，平坡或单坡屋顶，主色调为浅暖和浅土色，屋面有青瓦或砖

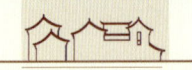

红色陶土瓦呼应，并多有绿树掩映其间。建构装饰多采用木构，形态呈现厚重苍茫的戈壁特色。

图 5-11　敦煌传统民居

（2）建筑材质、肌理、色彩、符号

材质：传统民居建筑材质以砖、土、砂石、瓦、木为主，传统民居土木、砖木结构常见。

肌理：整体苍茫浑厚，外墙砂石质感，瓦屋面纹理细腻，平坡或单坡。

色彩：主色调浅暖和浅土色，墙面多用沙黄色、浅驼色，屋面有青瓦或砖红色陶土瓦呼应，并多有绿树掩映其间。

符号：民居屋顶平缓，高大院墙四方围合，几何体形状明显，院门和窗有木构垂花和坡檐装饰，木作彩绘，苍茫中颇显细腻精巧的戈壁神韵。

敦煌新建民居既保留了传统特色，又考虑到舒适性、现代性，如图 5-12 所示。

图 5-12　敦煌新建民居

3. 农宅建筑细部（图 5-13）

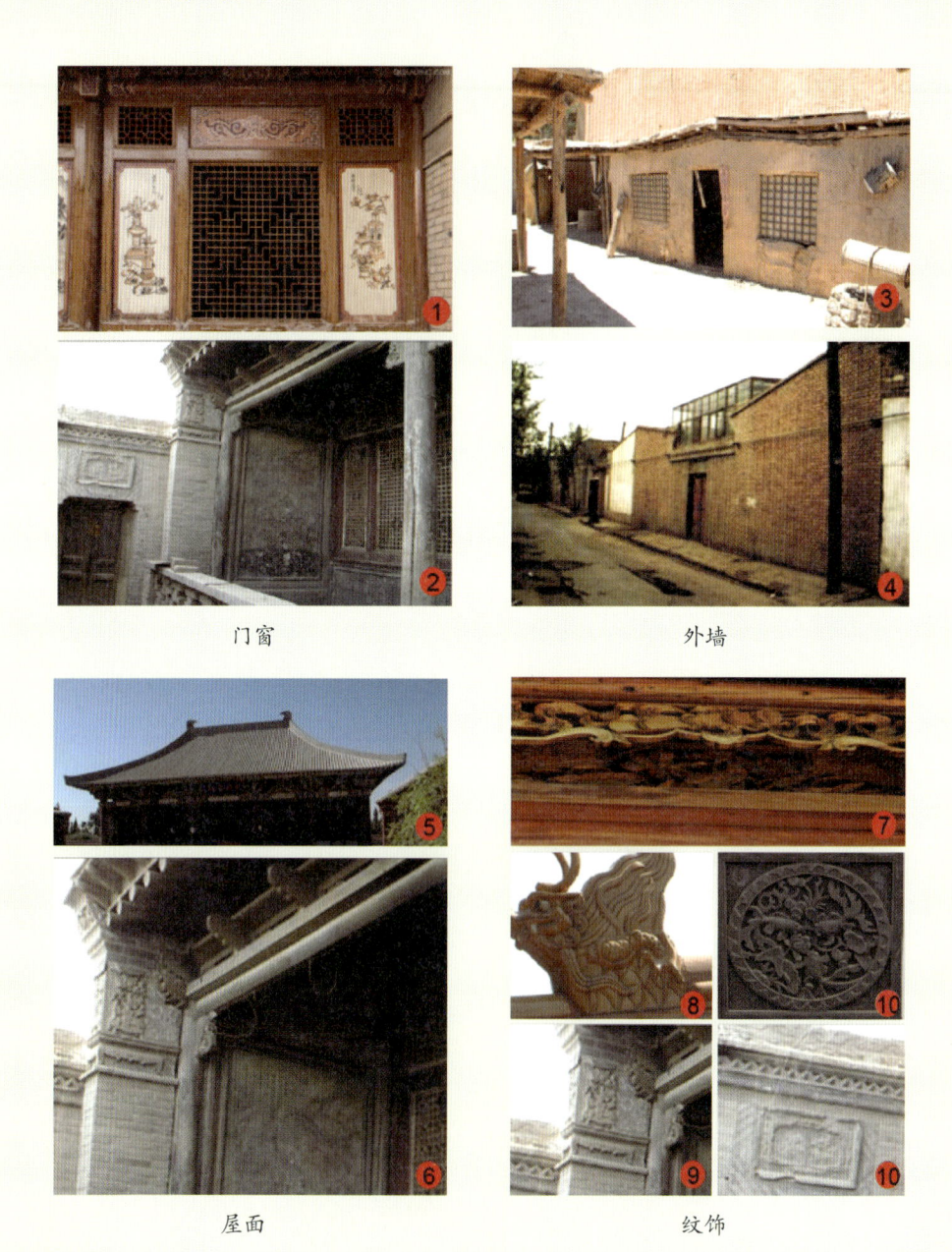

门窗

外墙

屋面

纹饰

1. 花窗　2. 木质门窗　3. 夯土墙　4. 红砖外墙　5. 檐椽　6. 磨砖墙　7. 木质雕花
8. 脊兽　9. 封檐墙　10. 砖雕

图 5-13　敦煌农宅建筑细部

4. 建筑风貌

院落布局——建筑围绕院落呈"U"字形布局，院落纵深感较强，延续敦煌传统民居格局，院落四周以高大夯土围墙围合，开小窗，符合当地沙漠地区防风、保温需求。

建筑形制——建筑厚重的形体与纷繁的色彩装饰、外在的粗犷与内在的细腻形成"虚"与"实"的强烈对比。①屋顶以平顶为主，正房前设檐廊，作为夏季遮阳设施。女儿墙做一定的艺术处理，体现传统地方建筑韵味，形式封闭，厚墙小窗，利于保温隔热、防风防沙。②屋顶以单坡为主，建筑围绕中庭呈"凹"字形对称式布局。中庭采用木构架和玻璃加顶高出屋面，形成封闭暖廊空间。建筑形制体现敦厚的戈壁特色和地域文化。

材质色彩——建筑采用黏土、砖、木等材质，建筑色彩还原材料的自然色彩，如沙黄色、浅驼色。局部木构装饰，精雕细作，体现戈壁韵味。

5. 典型农宅风貌

（1）典型农宅风貌示例一（图5-14）

（1）农宅效果图

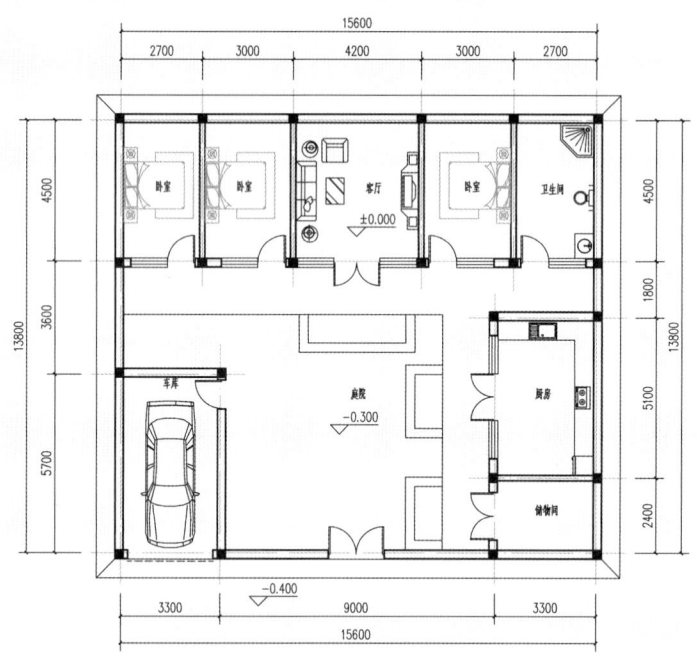

一层平面图

单位：mm
用地面积：215.3m²
建筑面积：113.8m²

（2）平面图

图 5-14 敦煌典型农宅风貌（一）

五 河西地区农宅风貌规划

（2）典型农宅风貌示例二（图5-15）

（1）农宅效果图1

（2）农宅效果图2

甘肃省农宅风貌规划研究

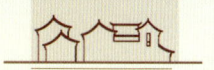

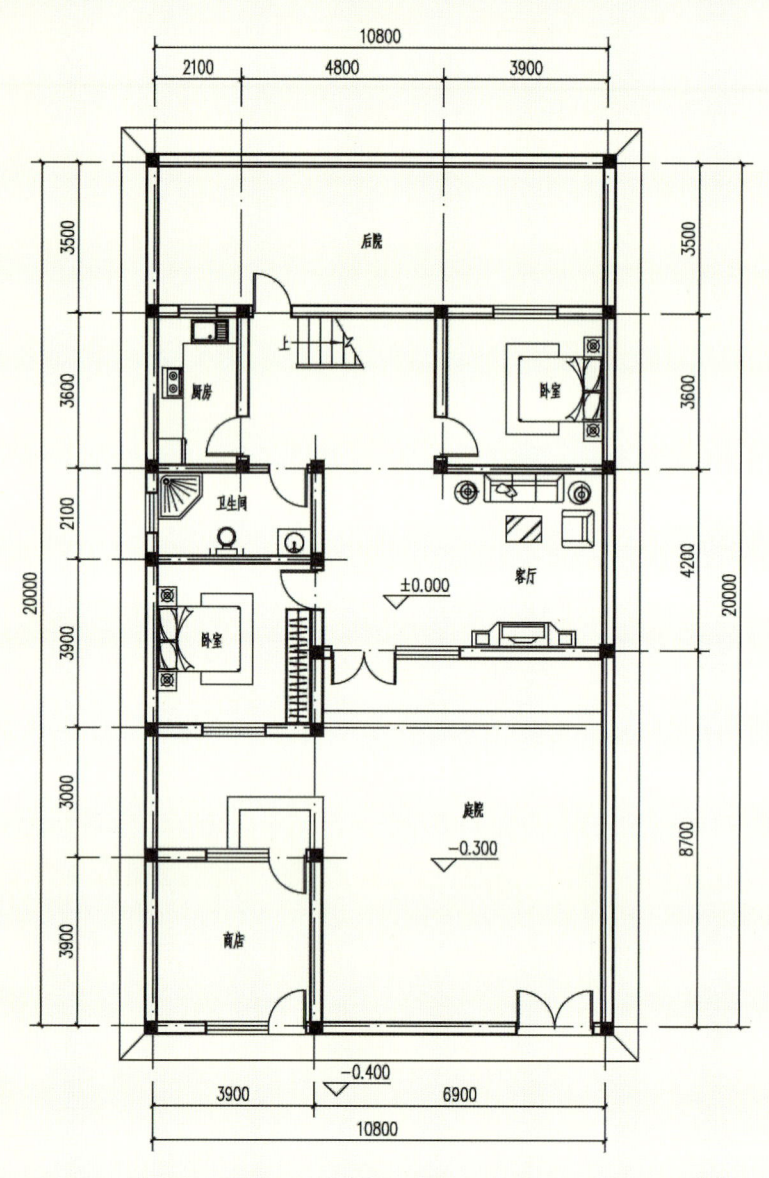

一层平面图

单位：mm
用地面积：216.0m²
建筑面积：144.3m²

（3）一层平面图

五　河西地区农宅风貌规划

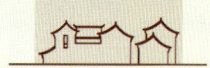

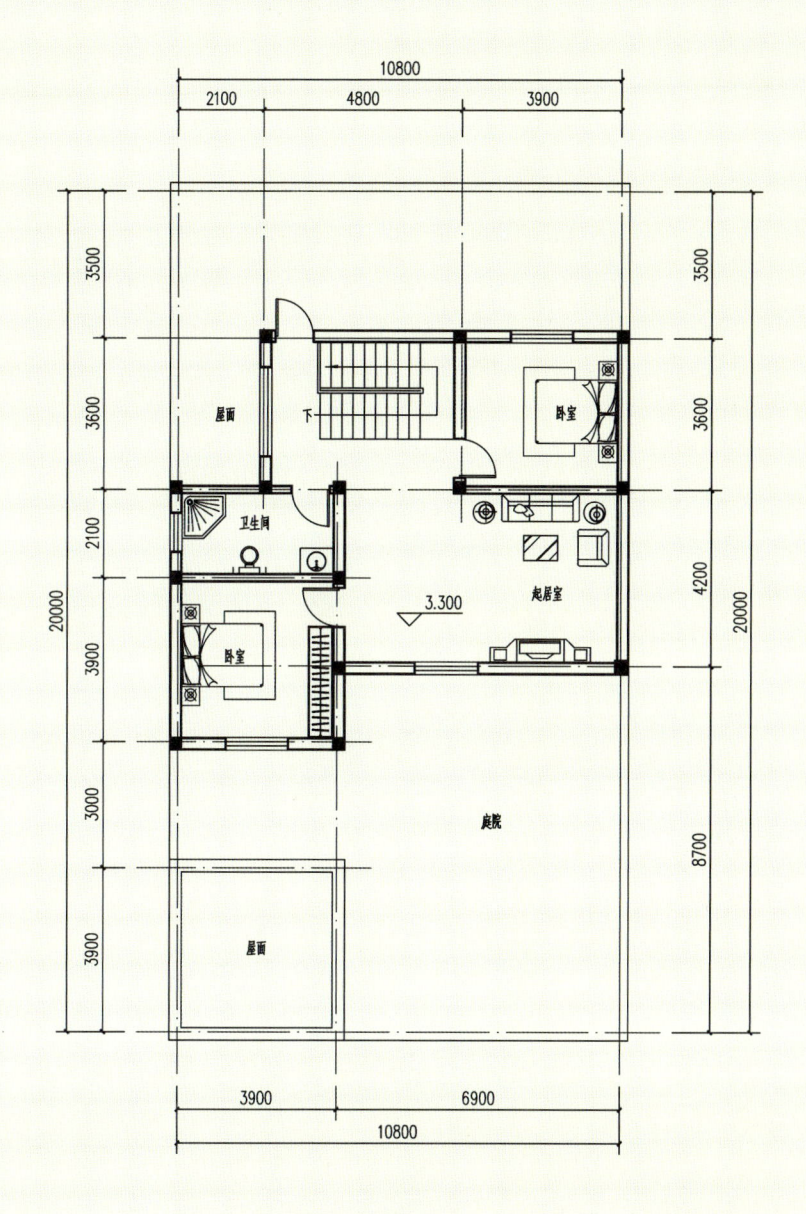

二层平面图

单位：mm

建筑面积:83.7m²

（4）二层平面图

图 5-15　敦煌典型农宅风貌（二）

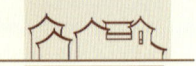

（3）典型农宅风貌示例三（图 5-16）

（1）效果图 1

（2）效果图 2

图 5-16 敦煌典型农宅风貌（三）

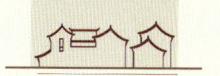

6. 典型农宅院落布局（图5-17）

（1）院落布局效果图1

（2）院落布局效果图2

甘肃省农宅风貌规划研究

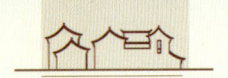

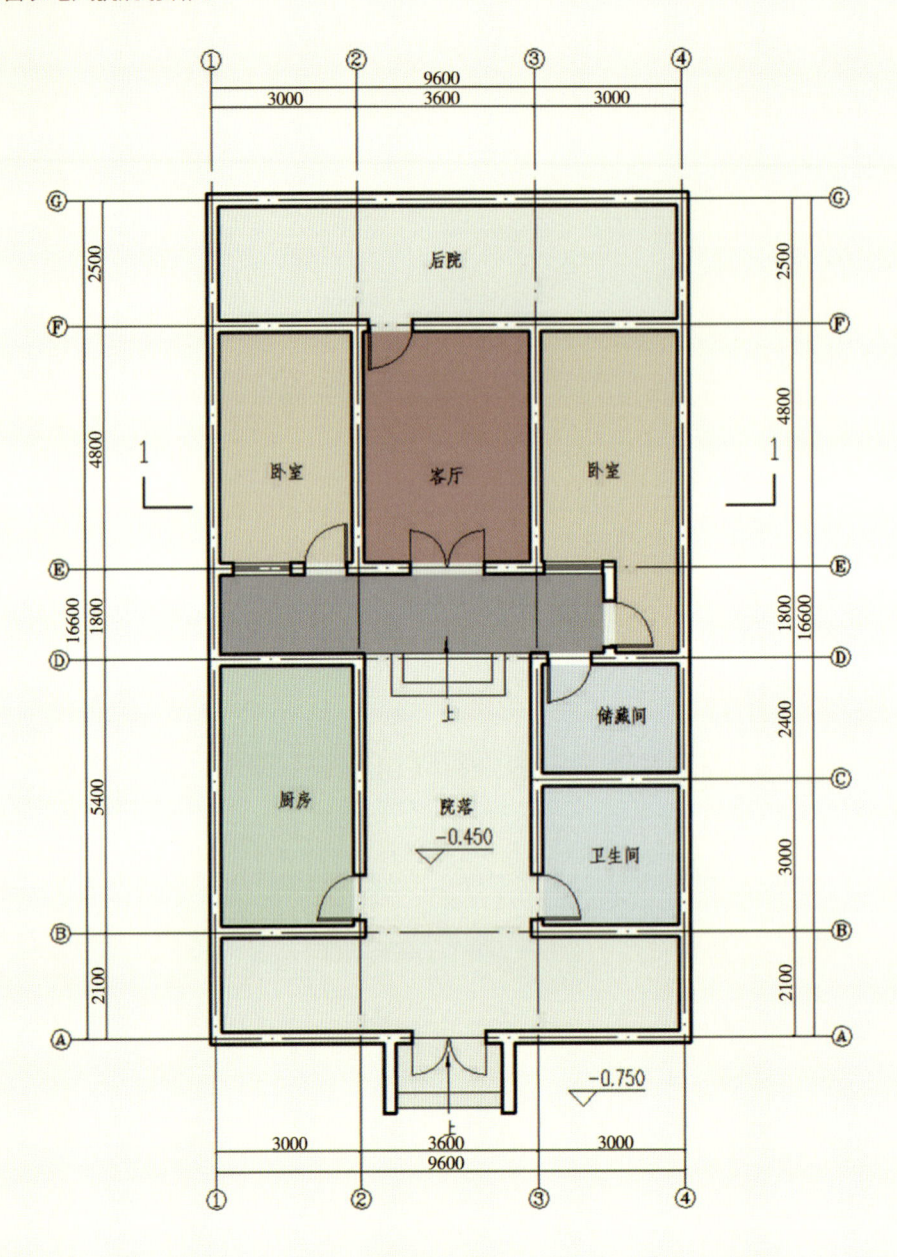

一层平面图

用地面积：169.13m²
建筑面积：120.51m²

单位：mm

（3）一层平面图

072

五　河西地区农宅风貌规划

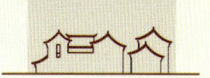

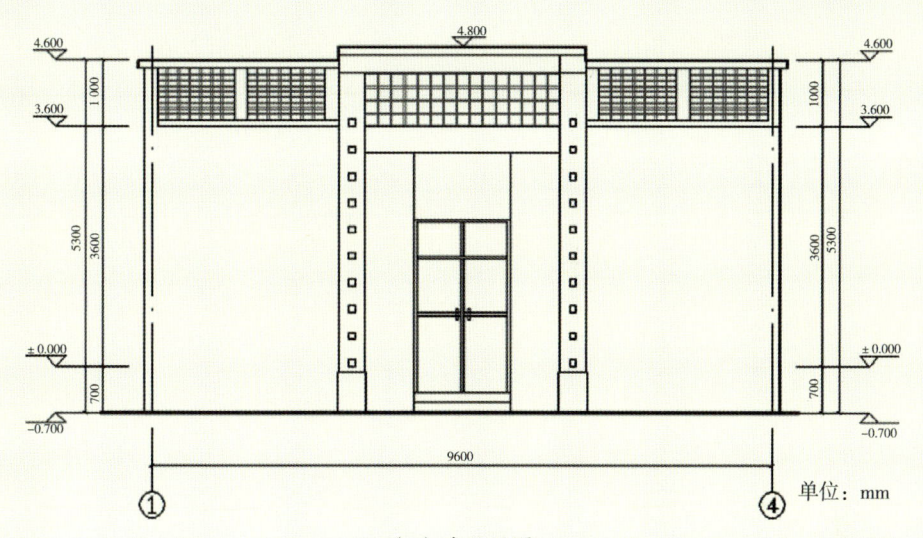

（4）南立面图

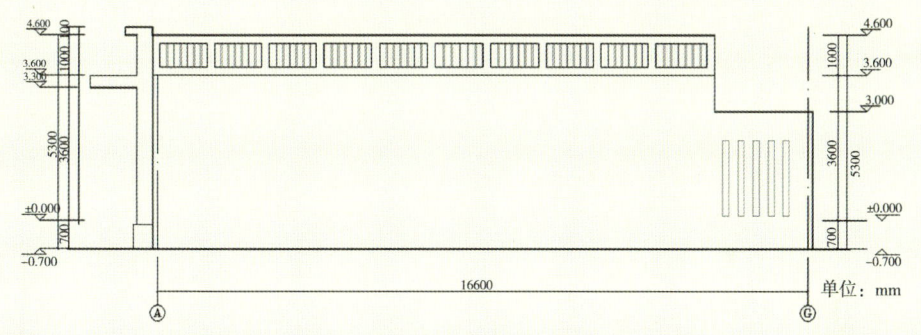

（5）东立面图

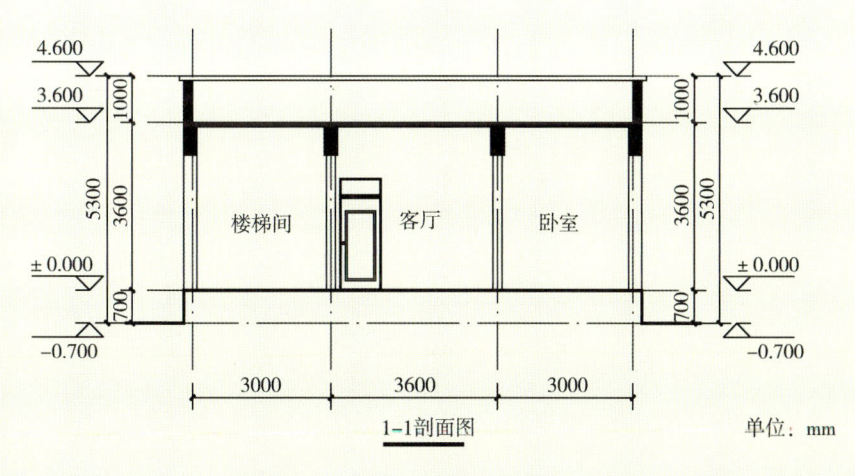

（6）1-1剖面图

073

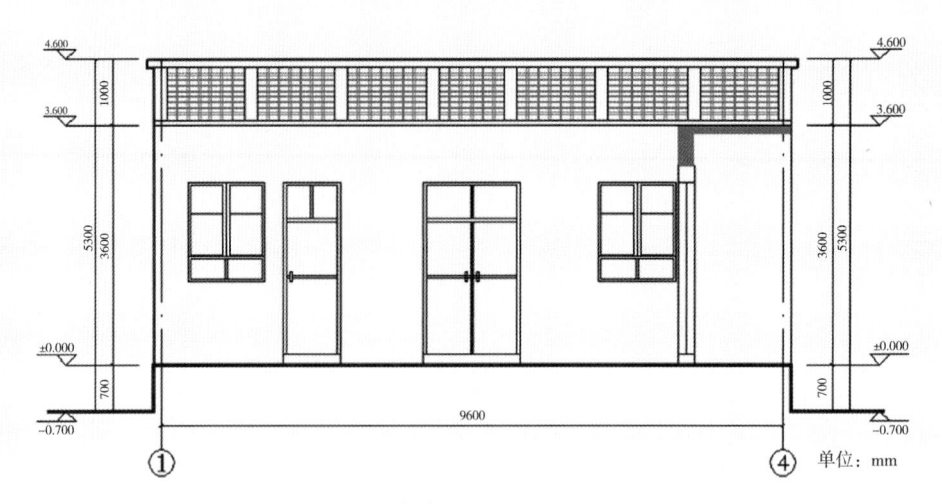

（7）2-2 剖面图

图 5-17　敦煌典型农宅院落布局

（三）张掖市

1. 地区概况

（1）历史文化

张掖古称"甘州"，西汉时以"张国臂掖，以通西域"而得名。张掖自古以来就是丝绸之路商贾重镇和咽喉要道，经济繁荣、文化昌盛，尤其是西域文化、佛教文化、儒学文化和商贾贸易在此交汇，素有"塞上江南"和"金张掖"的美誉。张掖传统建筑体现了盛唐、明、清时的风貌，历史遗存较完整，民居建筑融合传统风格，院落整洁明快，结构清晰，多为四合院形式，具有一定的装饰艺术。

（2）地域环境

张掖属温带大陆性气候，建筑气候区划为严寒地区，地势平坦、日照充足、气候温和。张掖位于河西走廊中段黑河中上游，南枕祁连山，形成特有的绿洲和湿地地理景象，是我国西部重要的生态安全屏障。民居建筑注重秩序和对称，多呈狭长围合，建筑充满灵秀端庄之态。

2. 传统元素梳理

（1）农宅特点

张掖传统民居以进深较大的四合院形式为多，空间均衡对称，主次分明，门庭高阔，屋檐举架平齐，略有起翘。建造工艺较为精细秀美，装饰符号比较丰富。村落呈组团布局，整体建筑风格体现"塞上江南"气息。

在院子纵中轴线尽端的是堂屋（上房），堂屋对面为倒坐，在中轴线两侧是厢房（厢房），具有鲜明的轴向，中轴对称，左右平衡。民居的外界面是封闭的院落，各单体建筑立面都向内，门和窗均开向院内，对外不开窗，大门建在轴线的中间或侧面，院落狭长，整齐规整，平面配置对称均匀，是一种含蓄、收敛、对外封闭、对内向心、私密性及自我防护功能强的水平空间铺展布局。民居的垂花门、天棚、门匾、花板、壁齿等各种建筑装饰、配件与建筑结构、住宅布局有机地结合在一起，使其成为一个完整而富有特色的整体，反映了张掖乡村地区建筑的独特风貌。

（2）**建筑材质、肌理、色彩、符号**

材质：传统民居多以砖、夯土、瓦、木材为主要材质，多见砖木、砖混结构，灰瓦青砖，木构檐口。装饰有砖雕、木构窗花、花砖台阶铺地、砖砌院门等。

肌理：合院形式多样且狭长，街巷秩序感强，民居高低错落，砖瓦肌理明显，院落与地形结合较自然。

色彩：受地貌植被环境影响，张掖传统民居有江南建筑特点，色彩以白、灰、浅土、青黛色为主，辅以木檐口和彩绘色彩点缀。

符号：建筑屋脊有艺术处理，有硬山和悬山形式且存在简化装饰，符号应用典雅。

张掖传统和新建民居如图 5-18 和图 5-19 所示。

五 河西地区农宅风貌规划

图 5-18 张掖传统民居

图 5-19 张掖新建民居

077

3. 农宅建筑细部（图5-20）

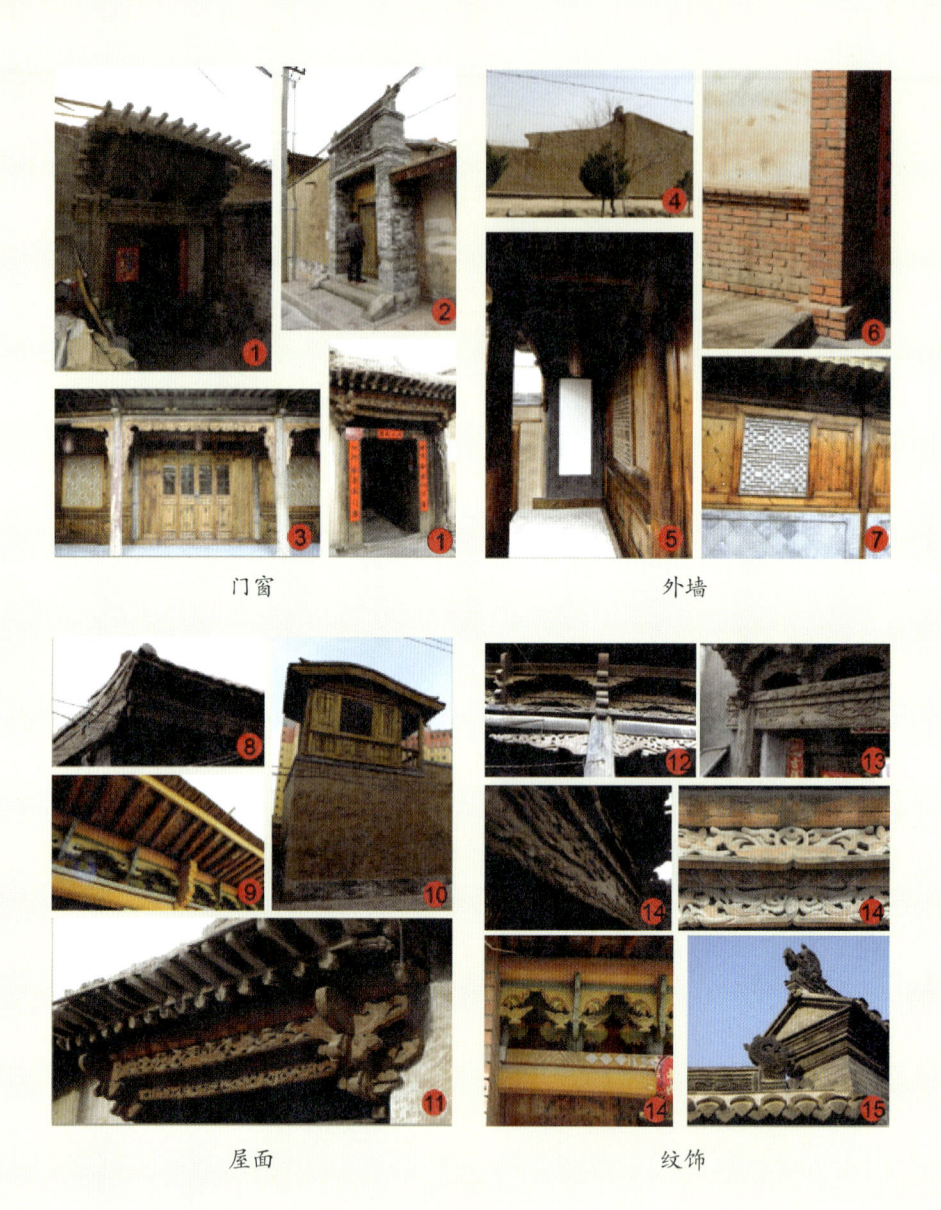

门窗

外墙

屋面

纹饰

1. 木质门头 2. 石砌门头 3. 堂屋屏门 4. 夯土山墙 5. 磨砖墙 6. 砖砌勒脚
7. 石砌勒脚 8. 檐口 9. 檐椽 10. 屋檐 11. 门头 12. 华拱 13. 下枋
14. 上枋 15. 吻兽

图5-20 张掖农宅建筑细部

4. 建筑风貌

院落布局——以合院形式为主，院落肌理整洁明快，空间主次分明，结构清晰。采用高墙院落。

建筑形制——民居建筑融合传统风格，局部体现传统建筑特点。屋顶形式以双坡为主，平坡结合。在檐口、柱头、门窗等细部的处理上，结合传统文化的装饰艺术，以雕刻、绘画等手法有机融入。

材质色彩——建筑材质改变了传统土坯墙承重的结构体系，采用砖、石、木、瓦等材料。在建筑主色调上，以白墙、青瓦为主，或红墙、黄墙、红瓦，体现历史感和时代感。

5. 典型农宅风貌

（1）典型农宅风貌示例一（图5-21）

（1）农宅效果图

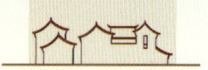

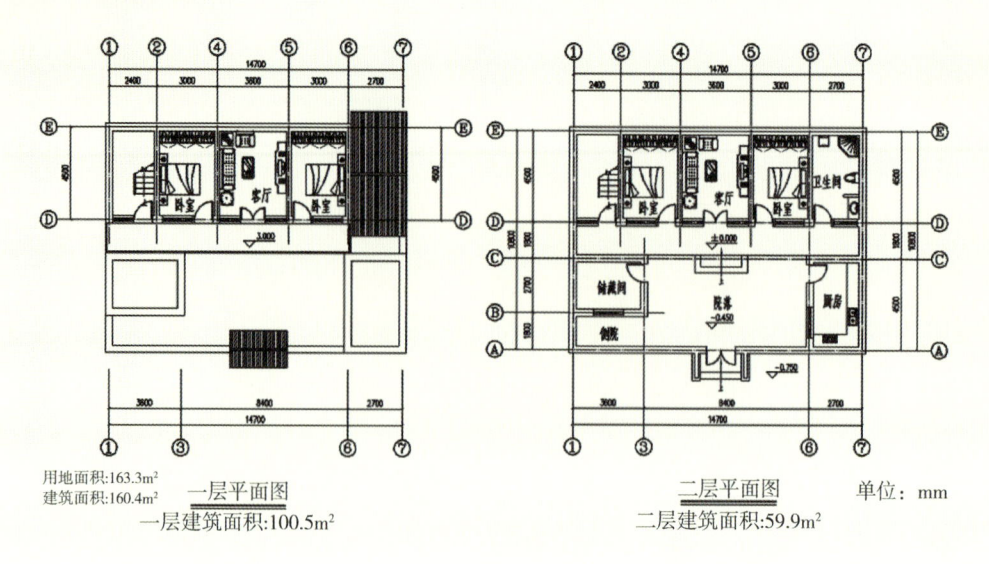

用地面积:163.3m² 　　一层平面图　　　　　　　　　　二层平面图　　　　　单位：mm
建筑面积:160.4m² 　一层建筑面积:100.5m²　　　　二层建筑面积:59.9m²

（2）平面图

图 5-21　张掖典型农宅风貌（一）

（2）典型农宅风貌示例二（图5-22）

（1）农宅效果图

五 河西地区农宅风貌规划

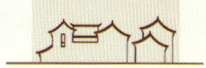

（2）村落效果图

图 5-22 张掖典型农宅风貌（二）

（3）典型农宅风貌示例三（图 5-23）

（1）效果图 1

081

（2）效果图2

（3）效果图3

图5-23 张掖典型农宅风貌（三）

五 河西地区农宅风貌规划

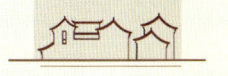

（4）典型农宅风貌示例四（图 5-24）

（1）效果图 1

（2）效果图 2

图 5-24 张掖典型农宅风貌（四）

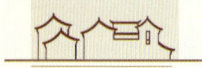

（5）典型农宅风貌示例五（图5-25）

（1）效果图1

（2）效果图2

图5-25 张掖典型农宅风貌（五）

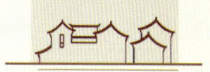

（6）典型农宅风貌示例六——民族地区民居（裕固族）（图 5-26）

（1）效果图 1

（2）效果图 2

图 5-26　张掖典型农宅风貌（六）

6. 特色村落风貌规划——甘州区甘浚镇速展村

（1）村庄概况

速展村在甘浚镇镇区东侧，甘浚镇位于甘州区西南部，东枕黑河西岸，南依祁连山北麓的丹霞景区，西与临泽县和肃南县交界。张掖七彩丹霞为国家5A级旅游景区、世界地质公园，被列为"中国最美的七大丹霞""奇险灵秀美如画——中国最美的六处奇异地貌""世界十大神奇地理奇观"，具有很高的旅游观赏价值和地质科考价值。甘浚镇作为国家重点镇，依托良好的区位和交通优势，以及张掖七彩丹霞的旅游发展带动，向丹霞景区门户、西北特色旅游小镇方向发展。速展村总体规划及农宅布局见图5-27。

图5-27 速展村总体规划图及农宅布局设计图

五 河西地区农宅风貌规划

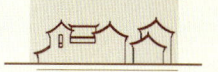

（2）风貌规划（图 5-28）

商业街区

商业街区

商业街区

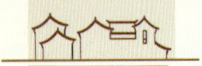

图 5-28　速展村风貌效果图

(3) 风貌规划实施效果（图 5-29）

五　河西地区农宅风貌规划

图 5-29　速展村风貌规划实施效果

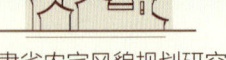

（四）武威市、金昌市

武威市和金昌市地缘相近，本书以武威市为例，研究两市农宅风貌规划。

1. 地区概况

（1）历史文化

"五凉古都、河西都会、丝路名城"承载了武威在历史文化传统下的物质和非物质文明。作为"五凉"时期都城，重要的军事重镇，丝绸之路重要的中转站，武威文化交汇，商贸发达，形成了久负盛名的"凉州文化"。传统民居建筑文化元素丰富，形式较为厚重，城区存在府邸建筑形制，农村民居则以"堡"为聚落，合院风格体现大漠边塞城堡的印象。

（2）地域环境

武威地处河西走廊东部，属温带大陆性气候，建筑气候区划为寒冷地区，南靠祁连山脉，全年气候温和，四季分明，昼夜温差大，光热资源丰富。民居建筑注重保温隔热，防风沙侵蚀，高墙防护。

2. 传统元素梳理

（1）农宅特点

特殊的气候影响了本地区传统民居形制，武威地区合院与其他地区的合院不同，院落均建有高大厚重的围墙。

武威在明清时期经济社会发达。武威素有"人文之盛，向为河西之冠"之誉，具有优越的文化教育资源。同时，武威为国家级历史文化名城，留存下来的民居建筑数量众多，多为传统意义上的汉式长方形四合院。受地域环

五 河西地区农宅风貌规划

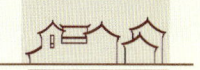

境及气候影响,武威农业生产以农耕为主、兼以畜牧,因此农村院落有前后之分,前院起居生活,后院仓储畜舍,院落布局规整(如图5-30所示)。

图 5-30 武威传统民居

村落多为行列式院落布局,院落大小较统一,在空间形态上对称布局,轴线结构清晰、主次分明,且为高墙院落。居室坐北朝南,厚墙小窗。屋顶平坡结合,常见硬山单坡、双坡瓦屋面,简明低调。民居与绿树、黄土、农田、远山等自然环境融为一体,突出跳跃的浅暖色彩。

(2)建筑材质、肌理、色彩、符号

材质:受历史条件制约,传统民居多以砖、夯土、瓦、木材、草泥、卵石等材料构建。

肌理:体现自然、泥墙的粗糙厚重,砖瓦的连续韵律。

色彩：以白、暖色、土黄、灰色为主色，局部点缀亮色（瓦红和砖红）。

符号：传统木构民居中略有彩画，少量装饰纹样窗格，院门装饰均有简化的艺术处理，符号应用质朴简洁。

武威新建民居如图 5-31 所示。

图 5-31　武威新建民居

3. 农宅建筑细部（图 5-32）

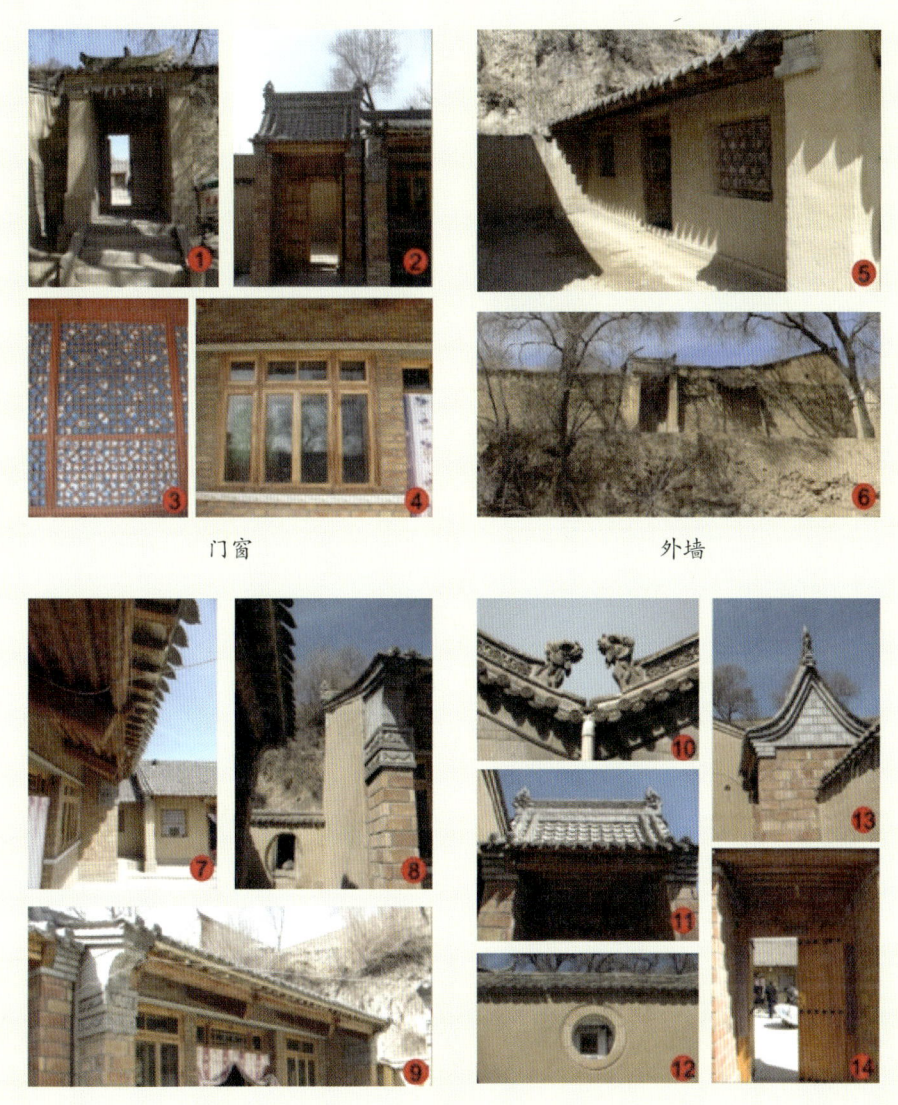

门窗

外墙

屋面

纹饰

1. 院门　　2. 木质门　　3. 雕花木窗　　4. 木质窗　　5. 土坯外墙　　6. 土坯院墙　　7. 椽头
8. 封檐墙　9. 屋面　　10. 脊兽　　11. 屋脊纹饰　　12. 墙头瓦饰　　13. 院门山墙　14. 院门纹饰

图 5-32　武威农宅建筑细部

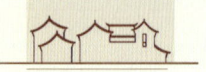

4. 建筑风貌

院落布局——一种以合院形式为主，采用"U"形布局，高墙院落，封闭性强，体现大漠边城的边塞风格。另一种以院落组织建筑空间，建筑平面采用"L"形布局，分前后院落，前院用于设置花圃及日常休闲，后院作为生活院落，用于储藏和饲养动物。

建筑形制——主要起居空间坐北朝南，厚墙小窗，以满足保温隔热的需求。注重现代语言与传统元素的交融，建筑风格厚重，体现传统府邸建筑文化。屋顶采用硬山双坡顶和平顶相结合、四坡顶与现代风格相结合的形式。

材质色彩——建筑材料突出地域特点和历史文脉，采用黏土、砖、红瓦及木材等当地材料，色彩以暖色为主，与周边环境融为一体。注重门窗等细部的木构装饰处理，体现府邸形制及特点。

5. 典型农宅风貌

（1）典型农宅风貌示例一（图5-33）

（1）效果图

五 河西地区农宅风貌规划

单位：mm
一层平面图
用地面积：281.2m²
建筑面积：168.1m²

（2）平面图

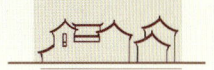

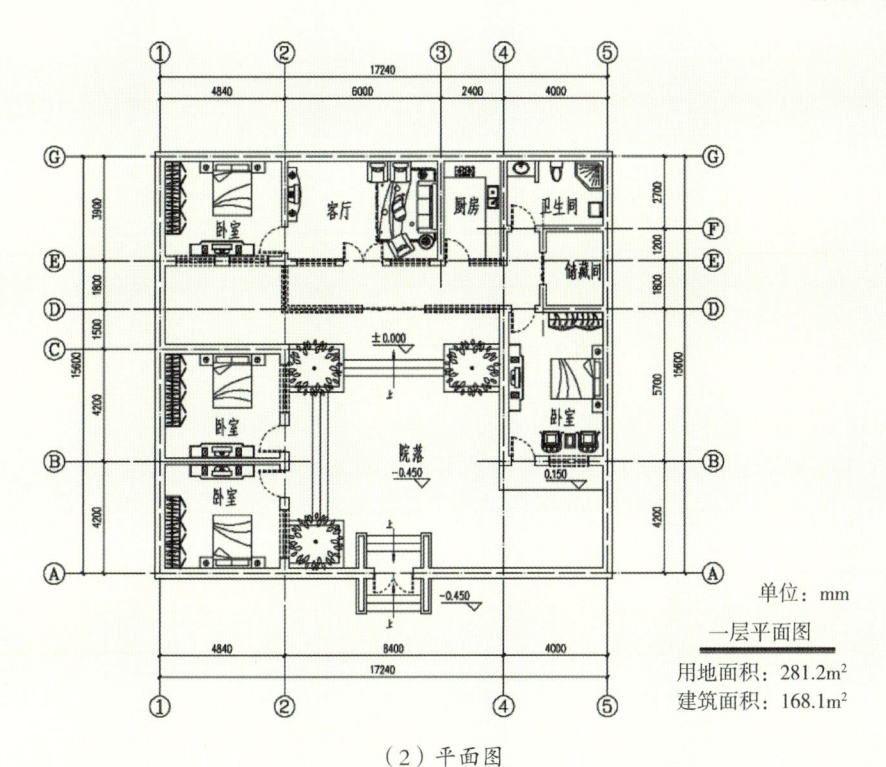

图 5-33 武威典型农宅风貌（一）

（2）典型农宅风貌示例二（图 5-34）

（1）村庄效果图

095

（2）农宅效果图

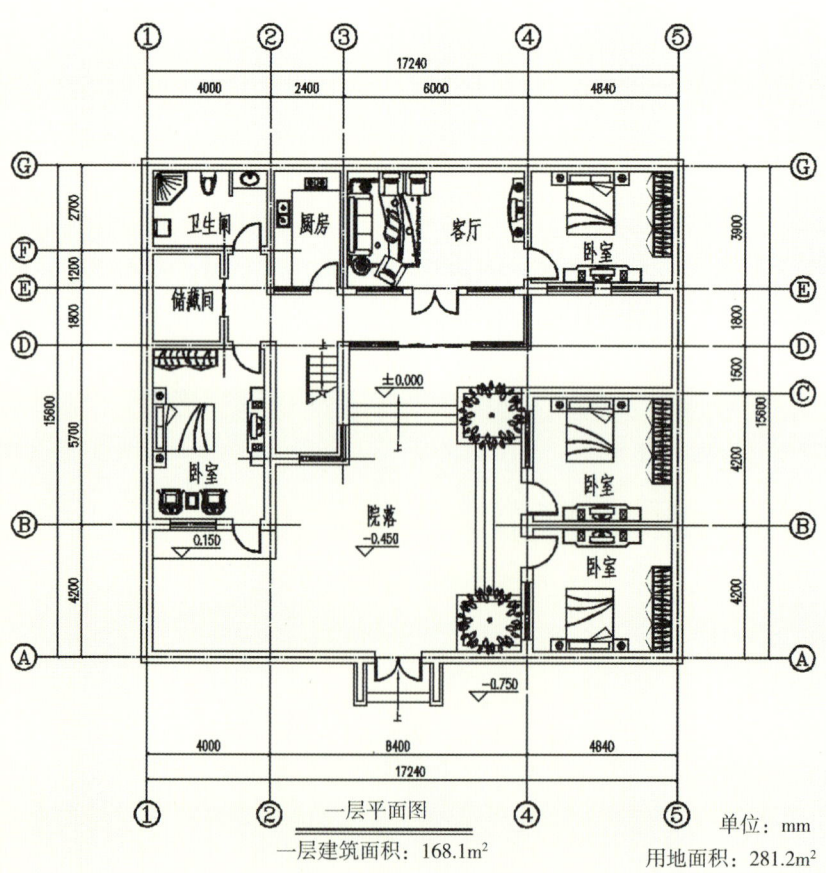

（3）一层平面图

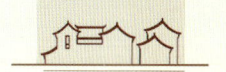

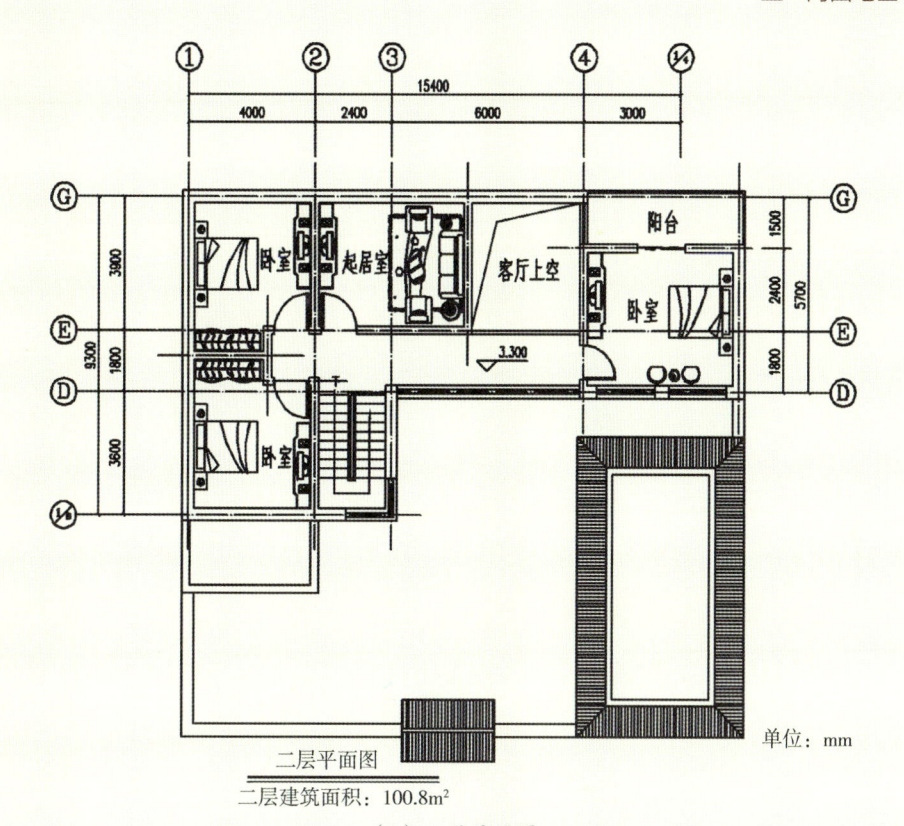

（4）二层平面图

图 5-34　武威典型农宅风貌（二）

（3）特色地区农宅风貌示例——天祝藏族自治县（图 5-35）

（1）效果图

（2）平面图

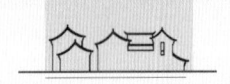

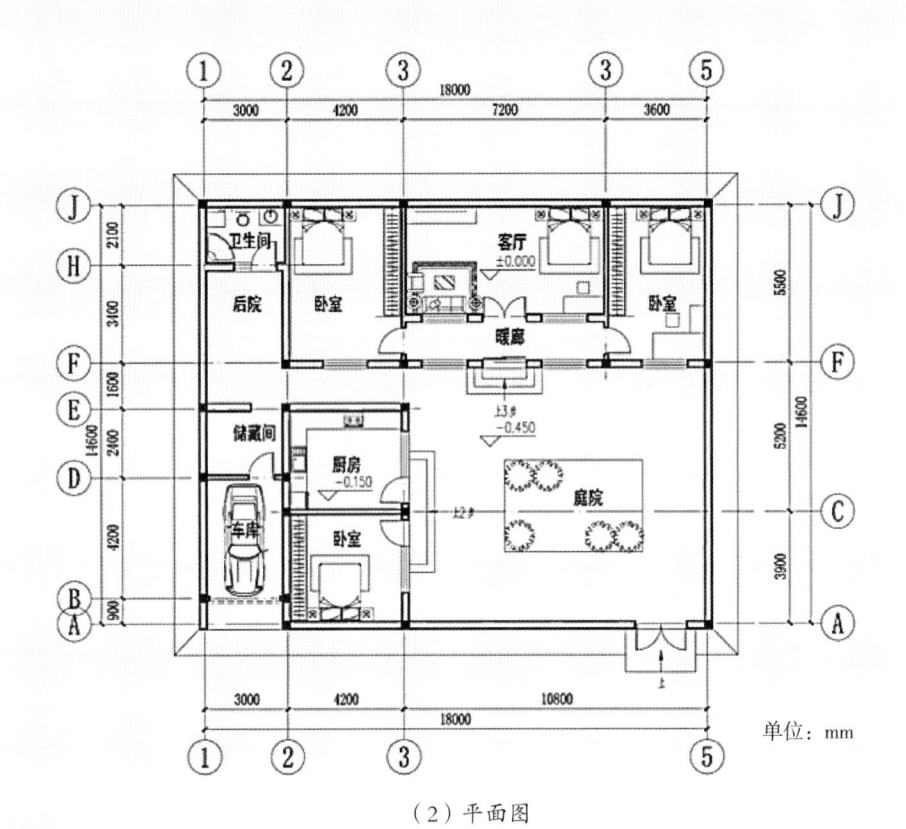

图 5-35　天祝县典型农宅风貌（三）

六

陇中地区农宅风貌规划

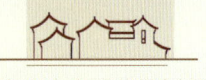

陇中地区包括兰州市、白银市、定西市所辖的 20 个县区。其中特色地区主要有兰州市河口古镇、榆中县青城镇、榆中县小康营乡浪街村等。

1. 自然环境——大河流韵、黄土丘陵、多彩田园

陇中地区为黄土高原丘陵沟壑地带，降雨量偏少，气候干燥少雨，属于温带半湿润半干旱气候区。其中，北部地区（主要包括兰州、白银两市及定西市北部地区）为温带半干旱区，降水较少，日照充足，温差较大；南部地区（主要包括定西市南部地区）为温带半湿润区，海拔高，气温低。陇中地区属黄土丘陵沟壑区水系。该地区北部有黄河干流斜贯而过，南部有黄河中游支流渭河的上游水系向东穿过。

2. 文化特征——黄河文明、现代多元

陇中地区是黄河上游文明的重要发祥地，是旱作农耕文化的发源地之一。兰州民居由于其多民族聚居和商贾移民文化的特点，具有深厚的包容性。定西民居突出独特的"陇中民俗文化"和多彩的地域风情，显得朴素典雅，文化底蕴深厚，突出"耕读传家"的乡土气息。

3. 民居特征——朴实、气派、文化底蕴深厚

陇中地区民居多为土木结构或砖木结构。在靠近经济中心地区的兰州等地，民居院落多为"前店后宅"式，临街建筑为商铺，后院则为居住处。陇中地区传统民居院落一般窗户体量很大，占到墙面的四分之三，给人以"窗比门大"的感觉。整个院落中轴对称，有极强围合感，更有月亮门、照壁、垂花门分隔空间，青砖高墙，整体建筑形态受西北地域生活和气候因素的影响。同时由于陇中地区降水少，气候干燥，屋顶采用"一坡水"（单坡）较多，坡度较缓，雨水汇集至院内。装饰注重"耕读传家、重文轻商"的文化传统，重点反映在屋脊、檐口、窗户、牌匾、门头、台阶、院墙等部位。陇中地区民居特征可归纳为"围合、朴实、精致、气派"八个字（如图 6-1 所示）。

六　陇中地区农宅风貌规划

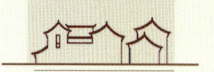

图 6-1　陇中地区民居特征

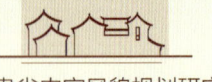

（一）兰州市、白银市

兰州和白银在地缘上十分接近，因此，本节以兰州市为代表，进行两市的农宅风貌规则研究。

1. 地区概况

（1）历史文化

兰州是古丝绸之路上的交通要道和商埠重镇，取"金城汤池"之意而称金城。历史上是联系西域少数民族的重要都会和纽带，在沟通和促进中西经济文化交流中发挥了重要作用，被誉为"丝路山水名城，中国黄河之都"。由于受多民族聚居和商贾移民文化的影响，兰州民居具有深厚的包容性——既有山陕建筑的印迹，又保持了兰州地方特色。受中原文化影响，建筑主要采用四合院形制，又受都市商业文化影响，兰州的合院式住宅分为前院和多进院，前院多为商业活动区，后院或左、右院为生活区。

（2）地域环境

兰州属温带大陆性气候。夏无酷暑，冬无严寒，日照强，风速小，降雨量少。其地理环境为南北群山对峙，东西黄河蜿蜒而过，使之形成了峡谷与盆地相间的串珠形河谷。由此，兰州的民居主要分布在高平走廊上，受地形限制，城镇街巷走向多数垂直于黄河的河岸线而成南北走向，街巷中传统民居四合院大门开设多按东西轴线，院内对称布置房屋和多进院落。

2. 传统元素梳理

（1）农宅特点

兰州四合院的规模和装饰等表现形式与当时社会的经济、政治、文化和建筑艺术水平紧密相连。其独特之处在于房子后墙和左右墙高大且用青砖或土坯砌成，前脸则全用木装修，院两侧的厢房为正方形棋盘格大木窗，四合院中轴对称，有月亮门、照壁、垂花门分隔空间，民居台阶布置遵循家族等级制度，青砖高墙，整体建筑形态受到西北地域生活和气候因素的影响。为适应西北的气候和便于采光取暖，并且节约用地，兰州的四合院形制多为长方形，院落空间开阔。屋面和墙体厚重，以满足保温的要求。同时由于兰州干旱少雨，加之历史上移民较多，考虑到安全因素，因而院落平面围合，屋顶采用"一坡水"（单坡）较多，坡度较缓，且多采用方瓦平铺，少用筒瓦。

（2）建筑材质、肌理、色彩、符号

材质：外墙和院墙做成夯土墙或砖墙，建筑外檐多为枋木分格，材料选用土坯、青砖、木材等，台阶用青砖和块石砌筑，室内外地面多采用素土夯实。

肌理：建筑风格崇尚节俭、实用、朴实的民风，体现殷实、气派、文化的风范，重点反映在青砖明朗精巧的纹理和木作大气细腻的装饰上。屋脊和青瓦的应用充分展示了民俗文化底蕴。

色彩：在色彩方面，墙面和屋顶以大面积素雅的青灰色为主要色调，穿插使用少量的白灰色或是夯土墙的本色，点缀木构原色或者桐油漆色。整体色调显示出儒雅清秀的乡土气息。

符号：主要的装饰形式是木雕、砖雕、石雕三种雕刻艺术。装饰注重"耕读传家、重文轻商"的文化传统，重点反映在屋脊、檐口、窗户、牌匾、门头、台阶、院墙等部位。

兰州传统及新建民居如图6-2和图6-3所示。

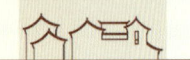

图 6-2　兰州传统民居

图 6-3　兰州新建民居

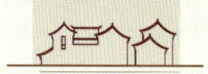

3. 农宅建筑细部（图6-4）

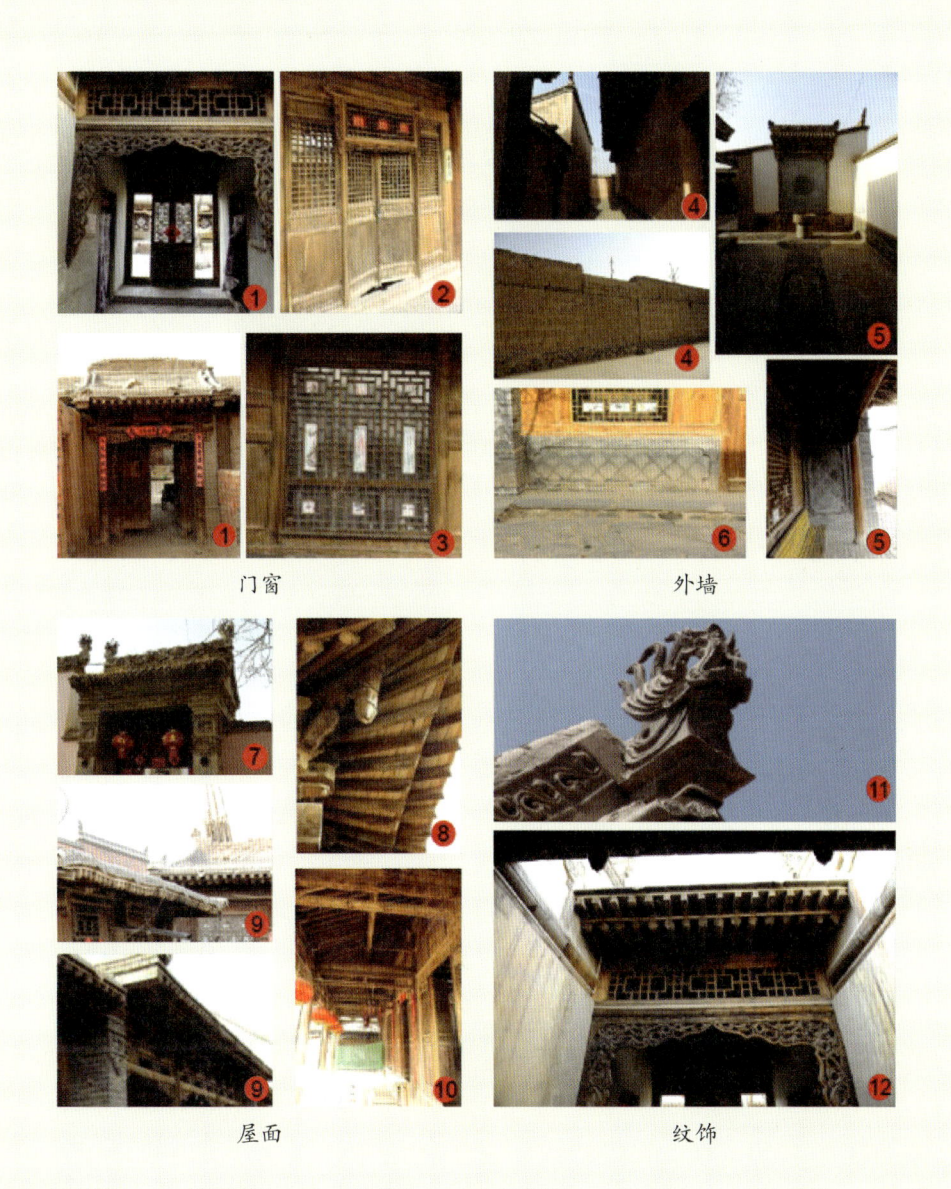

门窗

外墙

屋面

纹饰

1. 木质门头　2. 堂屋屏门　3. 木质花窗　4. 土坯外墙　5. 磨砖墙　6. 石砌勒脚　7. 正脊
8. 檐口　9. 屋檐　10. 檐椽　11. 脊兽　12. 木质花雕

图6-4　兰州农宅建筑细部

4. 建筑风貌

院落布局——平面布局以合院为主，体现传统中原文化。合院空间作为民居中重要的生活空间，分为前院和左、右院，用以满足日常的生产、起居、用餐、储藏等多项用途。

建筑形制——屋面和墙体较为厚重，以满足保温的要求。由于兰州干旱少雨，因而屋顶采用"一坡水"的形式，坡度较缓，并以方砖平铺。门窗、檐口等处以木雕、砖雕、石雕等传统艺术作为装饰，体现历史文化底蕴。同时，新民居设计在传承传统的同时融入了现代的生活方式和设计理念，加设车库等使用空间，在采光天窗等处体现现代的建筑语汇。

材质色彩——建筑材质以黏土、砖、木、瓦为主。在色彩方面，墙面以大面积素雅的白色和青灰色为主色调，穿插使用少量红色作为点缀，显示出"耕读传家"的乡土气息。

5. 典型农宅风貌

（1）典型农宅风貌示例一（图6-5）

（1）效果图

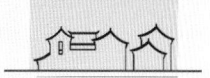

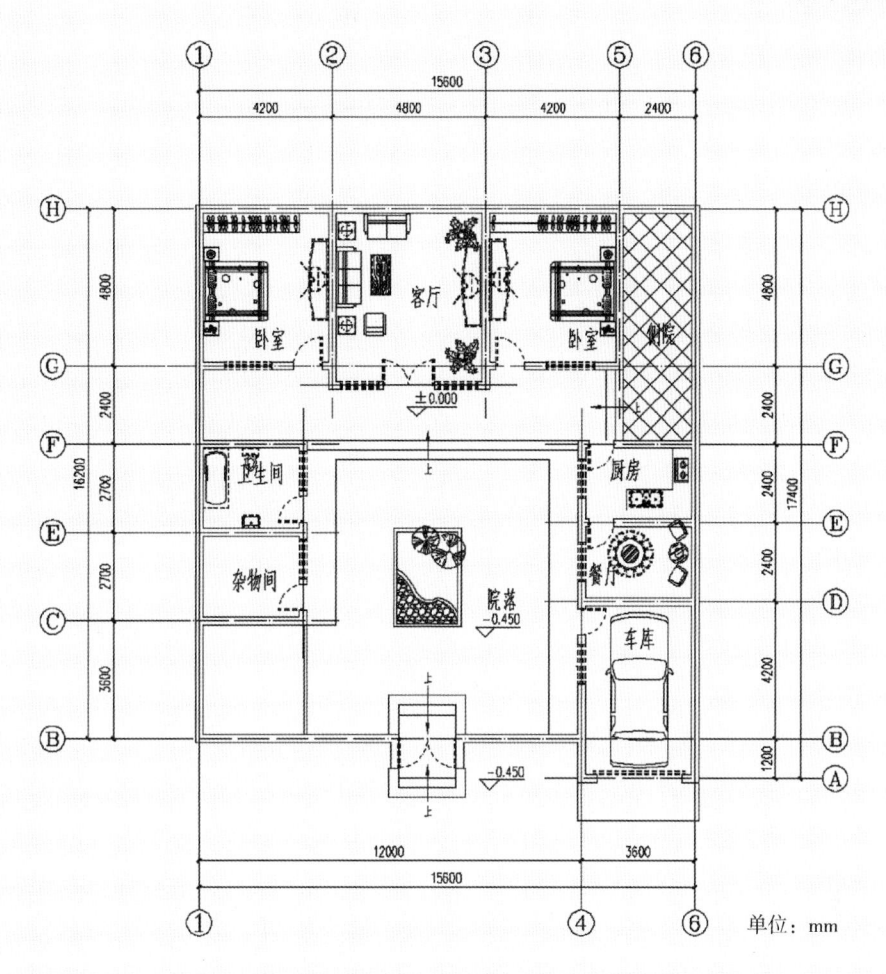

一层平面图

用地面积：257.04m²
建筑面积：170.64m²

（2）平面图

图6-5 兰州典型农宅风貌（一）

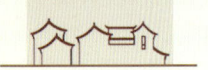

（2）典型农宅风貌示例二（图6-6）

（1）效果图

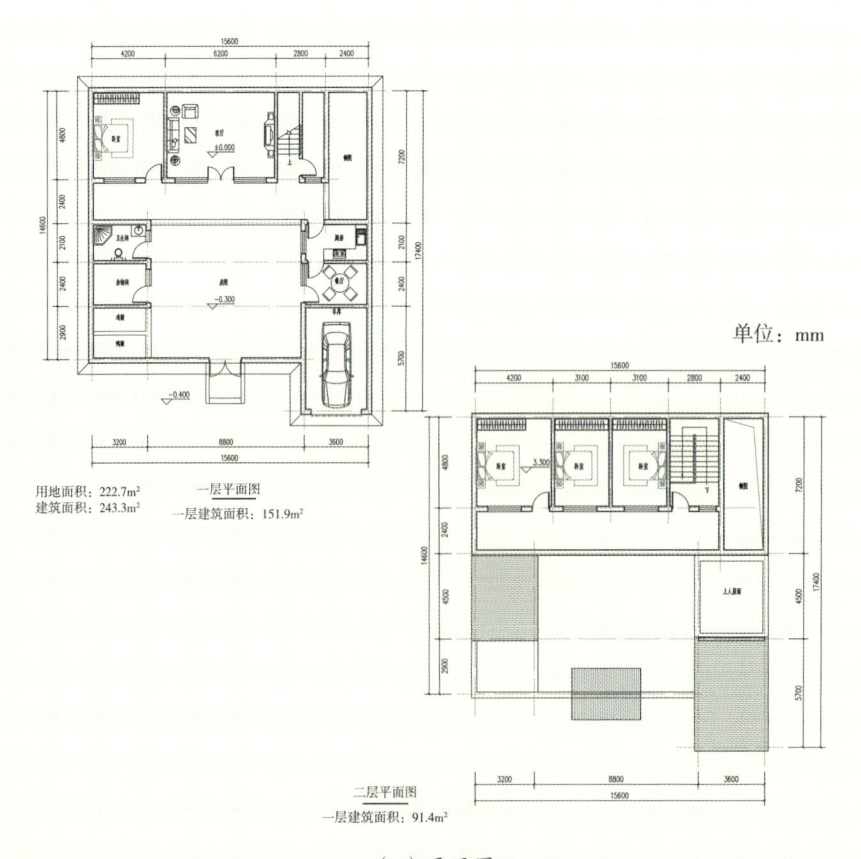

用地面积：222.7m²
建筑面积：243.3m²

一层平面图
一层建筑面积：151.9m²

单位：mm

二层平面图
一层建筑面积：91.4m²

（2）平面图

图6-6 兰州典型农宅风貌（二）

108

六 陇中地区农宅风貌规划

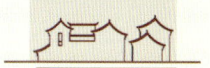

（3）典型农宅风貌示例三（图6-7）

（1）效果图1

（2）效果图2

图6-7 兰州典型农宅风貌（三）

109

(4)典型农宅风貌示例四(图6-8)

(1)效果图1

(2)效果图2

图6-8 兰州典型农宅风貌(四)

6. 特色村落风貌规划

（1）兰州市榆中县小康营乡浪街村（图 6-9）

图 6-9　榆中县小康营乡浪街村

——村庄概况

兰州榆中县小康营乡浪街村，坐落在兴隆山下，离兰州市区约 50 千米，距榆中县城仅 5 千米。2019 年入选全国乡村旅游重点村名录。"老家·浪街"以"勾起现代人的乡愁情怀，体验田园生活，乡村度假旅游，呼唤现代人的回家旅途"为载体，有三条记忆老街，分别是：特色小吃街，品味老家风味；民俗文化街，传承农耕文化；乡土购物风情街，丰富乡村旅游内涵。

——"老家·浪街"商业街风貌

屋顶形式：新建建筑均采用双坡卷棚顶，灰色挂瓦；改建民宅宜做挂瓦处理，女儿墙上覆灰色瓦材。

外墙形式：外墙统一风貌为青砖。

门窗形式：宜采用枋木构建。

广场及道路：村庄内广场、商业街内部道路宜采用自然块石、条石、青砖、卵石等元素铺设，局部可结合木材。

商业街风貌详见图 6-10。

坡屋顶　　　　　青砖墙　　　　　红灯笼

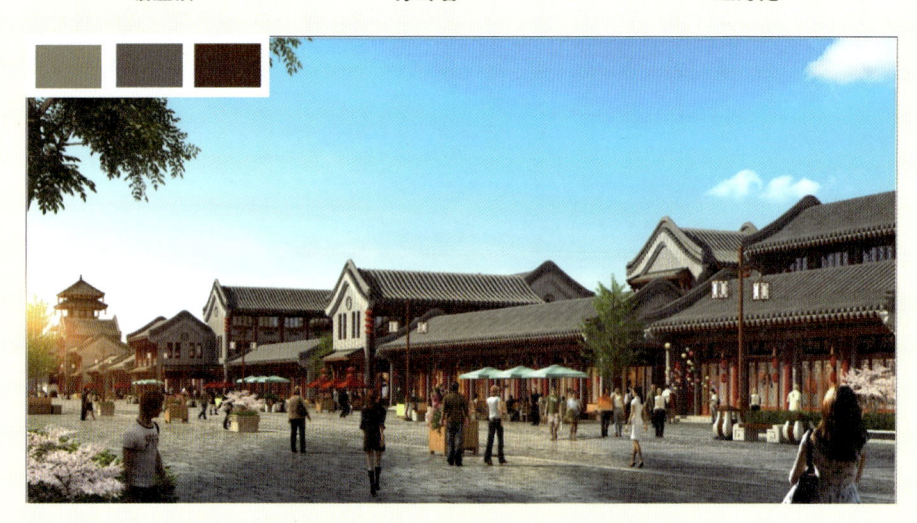

图 6-10　"老家·浪街"商业街风貌

六　陇中地区农宅风貌规划

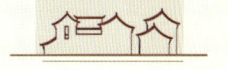

——**农宅风貌效果**（图 6-11）

图 6-11　浪街村农宅风貌效果图

113

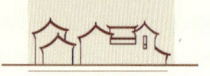

——窑洞康养民宿风貌效果（图 6-12）

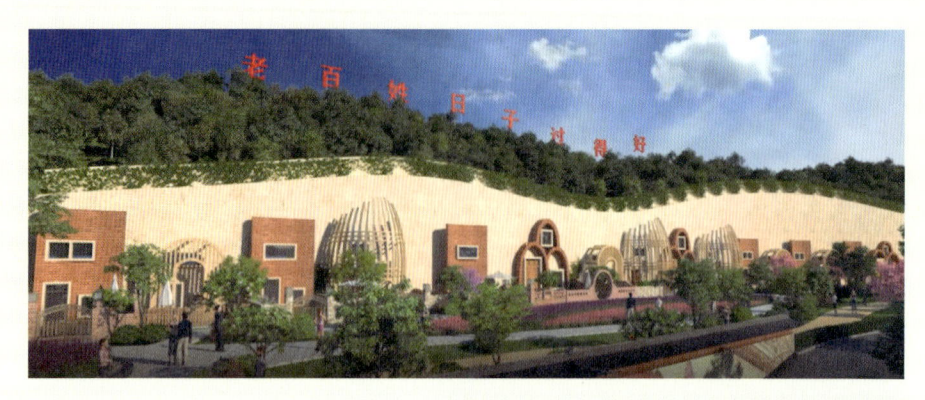

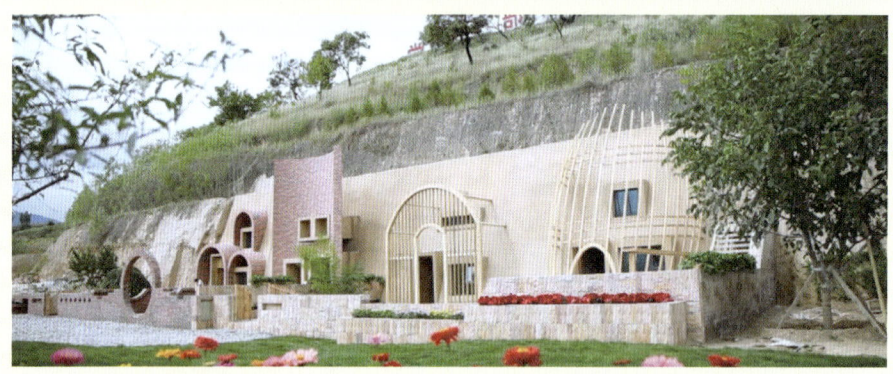

图 6-12　浪街村窑洞康养民宿风貌

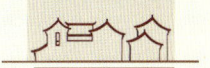

（2）白银市水川镇顾家善村（图6-13）

图6-13　白银市水川镇顾家善村

——村庄概况

顾家善村是黄河上游、陇中腹地白银市白银区水川镇的"黄河水乡"，距离白银市区26千米，东、西、北三面毗邻大川渡村，南与青城古镇隔河相望。顾家善村坚持以花兴业，以花兴村，以花富民，按照"党建统领、科学发展、宜居宜业、齐奔小康"的工作思路，围绕"五美"（田园幽美、人文醇美、经济富美、生活和美、村庄秀美）目标，以发展农村经济、增加农民收入为核心，将发展花卉产业、发展田园生态旅游、推进扶贫攻坚、加强生态建设有机结合，突出乡村田园景观和村落印象，逐步走出了以花卉产业带动种植业优化升级、生态旅游蓬勃发展的路子。先后荣获"中国美丽休闲乡村"、首届"中国农民丰收节"全国100个特色村庄、《魅力中国城》年度魅力乡村旅游目的地、全国"敬老文明号"、"国家森林乡村"、"全国乡村治理示范村"等一系列荣誉称号。

——"花村·顾家善"农宅风貌改造策略

院落围合——村庄建筑特色风貌以最终改造成围合式院落为目标，尽量保持和完善院落格局，整旧如旧地进行房屋修葺，在尊重村民意愿的前提下，提出建筑改造、整治和建筑立面清洁的规划指引，重点对屋顶、门窗、墙体等提出改造技术要求，最终改造成堂屋、厢房和大门围合的四方形院落。改造后的院落高度控制在一层，原则上不鼓励村民新建二层农宅。

灰墙青瓦——顾家善村传统建筑较为低矮，结构简单。屋顶采用坡顶形式，青砖做脊，铺青瓦。建筑色彩质朴，基本呈现原材料的原始色彩。墙面以蓝灰色粉饰。因而，其建筑风貌的打造采用灰墙青瓦，体现传统建筑风貌。

田园村落——在现有村落体系的基础上，通过风貌的改造、景观系统的规划、基础设施的完善，打造新型田园村落。

传统田园风貌——顾家善村传统建筑形式以西北传统民居四合院为主，点缀明清风格的细部装饰。

顾家善村街巷、农宅围墙整治如图6-14所示。

图6-14 顾家善村街巷、农宅围墙整治

六 陇中地区农宅风貌规划

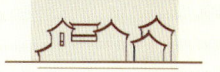

——村庄风貌改造效果（图 6-15 至图 6-16）

对把子巷整治前

对把子巷整治后

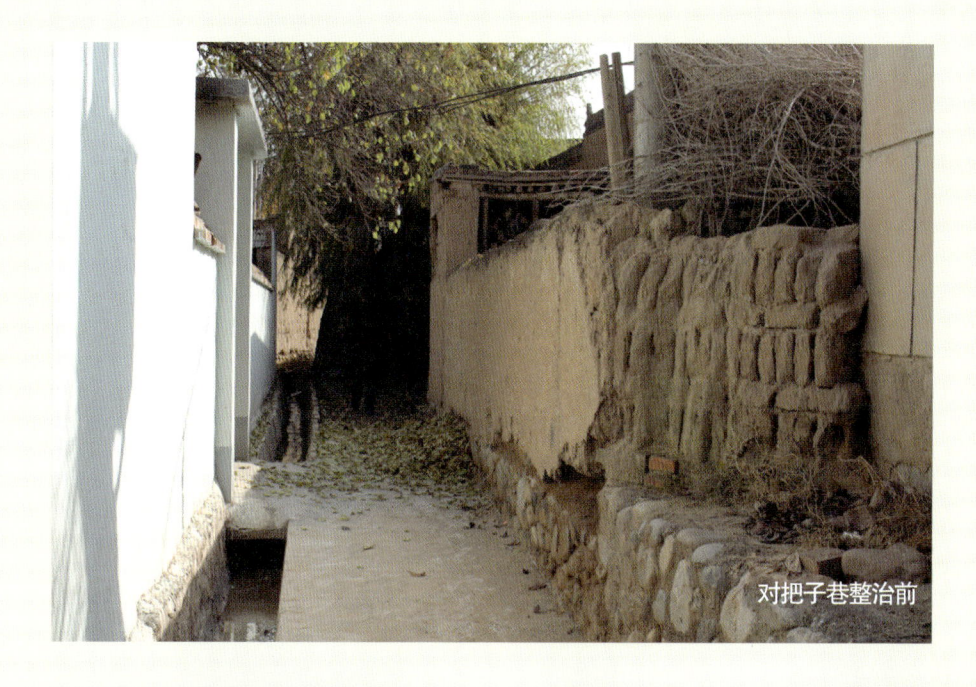

图 6-15 对把子巷整治前后对比

农耕文化园整治前

农耕文化园整治后

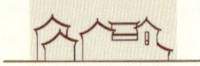

图 6-16　白银农耕文化园整治前后对比

六 陇中地区农宅风貌规划

（二）定西市

1. 地区概况

（1）历史文化

定西是黄河文明的重要发祥地和旱作农耕文化的发源地之一，历史上曾创造了璀璨的马家窑文化、寺洼文化、辛店文化和齐家文化。深厚的历史渊源和灿烂的文化遗产，形成了定西独特的"陇中民俗文化"和多彩的民族风情。在民居建筑中，则体现为建筑形式具有一定的多样性，但主要形式仍以合院式建筑为主。

（2）地域环境

定西位于甘肃省中部，以渭河为界，大致分为北部黄土丘陵沟壑区和南部高寒阴湿区两种自然类型。前者为中温带半干旱区，降水较少，日照充足，温差较大；后者为暖温带半湿润区，海拔高，气温低。整体而言，定西自然环境、气候条件非常严酷，土地贫瘠，降水较少，气候干旱，因而传统民居建筑类型主要有土木瓦房、砖木瓦房及土堡子、生土窑洞等。由于缺少木材资源，房屋建筑都较低矮，结构简单，屋顶采用"以双坡、单坡为主，平坡结合"的形式，坡度较缓。

2. 传统元素梳理

（1）农宅特点

定西大多数地方称民居为"庄"，四周筑围墙，俗称"庄墙"，庄廓呈正方形或左右延展为长方形，避忌前后延展或宽窄不等，按选定位置开设庄门。定西北部和中部地区有筑"村堡"的聚落形式。传统民居因经济条件和

119

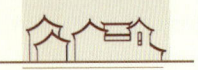

南北地域的差异而采用不同的结构布局，大体形成了三种不同风格：北部、东部修建完整的四合院，院内有庭房或两层木楼，一般将畜棚置于院外。房屋一般为三间，中间开门，主房多为深门深窗，有明柱。南部多为楼房、大厦，也有四合院、琵琶厅，屋架形式为两坡式或一坡式，俗称"两檐水"或"一檐水"，出檐且檐下设二架柱，在厅堂之外形成走廊。南部汉族和藏族杂居地区均采用汉式民居风格，屋顶青砖做脊，铺青瓦或砖红平瓦。西部民居沿用传统的堂室式。堂室习俗多尚北主，堂与室同建于一个堂基之上，同为一个屋顶所盖，堂基有高低之分，堂前室后由前墙隔开，堂的中前方一般有两个大明柱（楹），堂前院落大开，院墙或厢房围成合院。定西各地的房屋均在中间开门，两边开窗。厨房在庄院中有特定位置，由庄院坐向及方位确定。

（2）建筑材质、肌理、色彩、符号

材质：民居采用木构架，青砖或土坯筑墙，屋顶铺设灰瓦，深檐木质明柱由花墩子托起，以青砖或石材作为勒脚台阶。

肌理：民居院落聚集，圈庄筑堡，向阳开院，地方民居形制统一，整体韵律感强。民居外表大面土石质感，青瓦屋面片状层次，围合的院墙上设置独立院门，深檐明柱和屋脊扣带交相呼应，展示了定西民居清新温暖的田园印象。

色彩：建筑色彩质朴，基本呈现原材料的原始色彩。土黄墙面，有时以白灰粉饰，青砖灰瓦或砖红瓦，木作本色。

符号：屋面房脊造型有花脊和平脊两种，房面两边筒瓦扣带，瓦当、滴水完整。檐椽式样讲究，门窗木作装饰，院门由木构和砖砌雕花修建。

定西传统和新建民居如图6-17和图6-18所示。

六 陇中地区农宅风貌规划

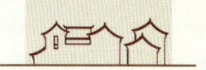

图 6-17 定西传统民居

图 6-18 定西新建民居

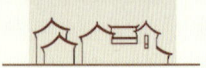

3. 农宅建筑细部（图6-19）

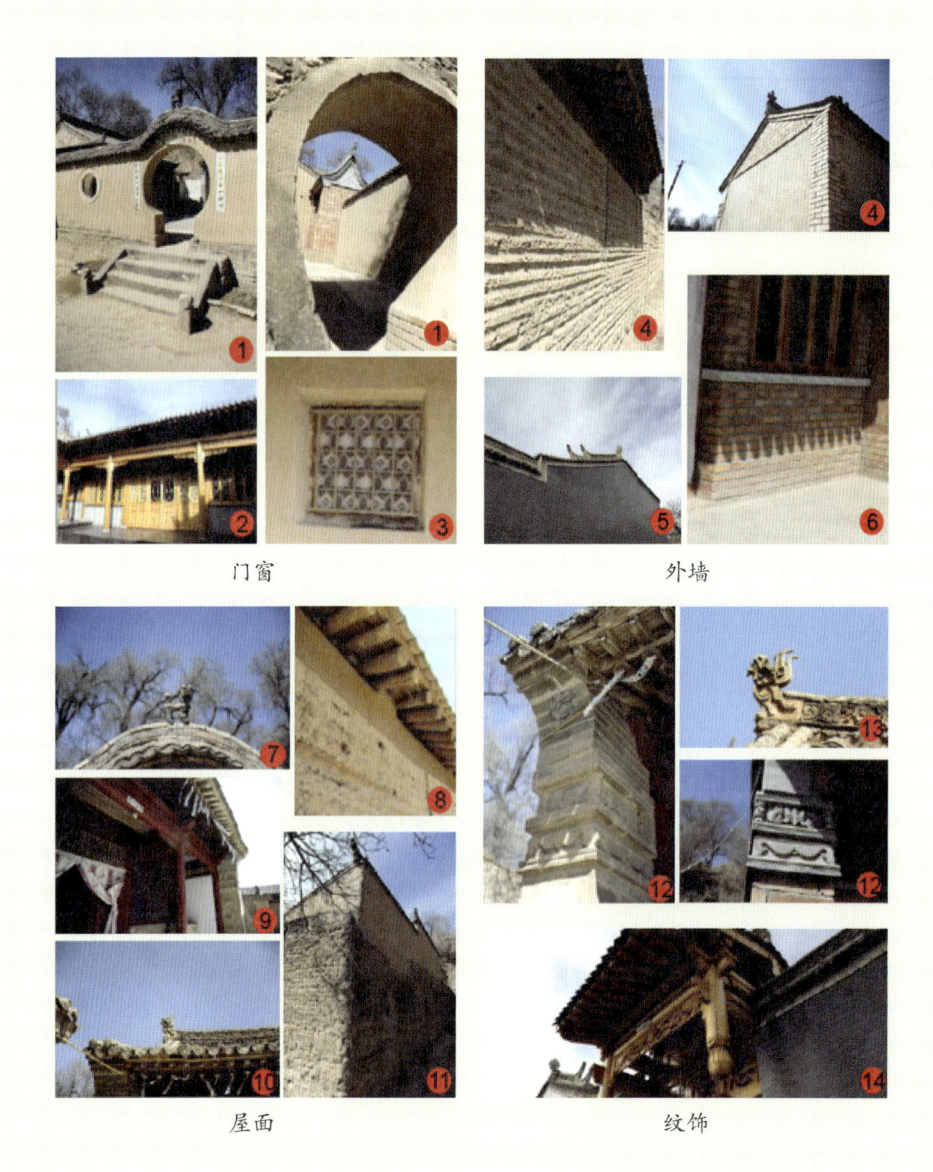

门窗

外墙

屋面

纹饰

1. 夯土拱门　2. 堂屋屏门　3. 木质窗　4. 夯土外墙　5. 青砖山墙　6. 砖砌勒脚　7. 门脊
8. 檐椽　9. 屋檐　10. 瓦当　11. 屋脊　12. 封檐墙　13. 脊兽　14. 垂花柱

图6-19　定西农宅建筑细部

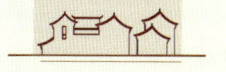

4. 建筑风貌

院落布局——以合院式空间为主,高墙院落,内部空间围绕中庭布局。以主房为中心左右延伸为长方形院落空间。

建筑形制——建筑层数以一、二层为主,少量三层,屋顶采用"双坡为主,单平坡结合"的形式,坡度较缓,屋脊饰以雕花。起居空间与卧室之间以暖廊连接,利于冬季的保温,以对抗严酷的自然条件。同时,由于干旱少雨的气候特点,因而院落中设置水窖,用于日常生活用水的储存。

材质色彩——建筑材质以黏土、砖、木、石、瓦为主,建筑色彩质朴,体现建筑原材料的原始色彩。墙面以暖黄色为主,局部以白灰粉饰,青砖灰瓦。

5. 典型农宅风貌

(1)典型农宅风貌示例一(图6-20)

(1)效果图

单位：mm

一层平面图

用地面积：133.8m²
建筑面积：68.5m²

（2）平面图

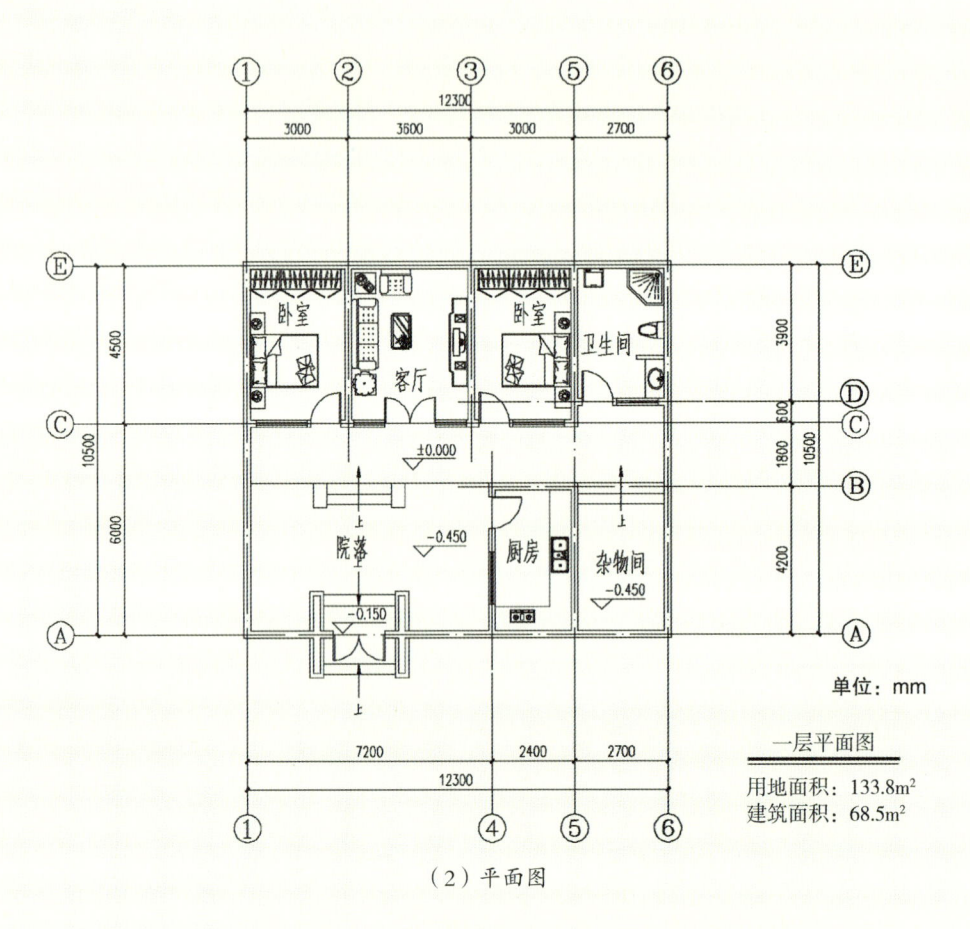

图 6-20 定西典型农宅风貌（一）

六　陇中地区农宅风貌规划

（2）典型农宅风貌示例二（图6-21）

（1）效果图1

（2）效果图2

125

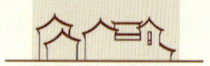

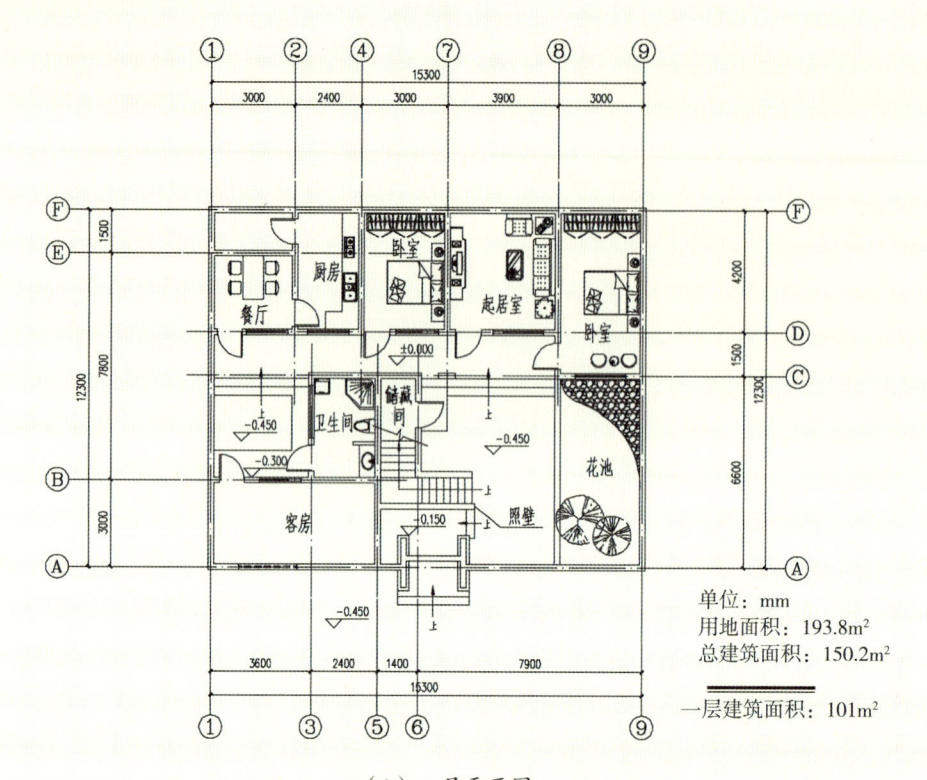

（3）一层平面图

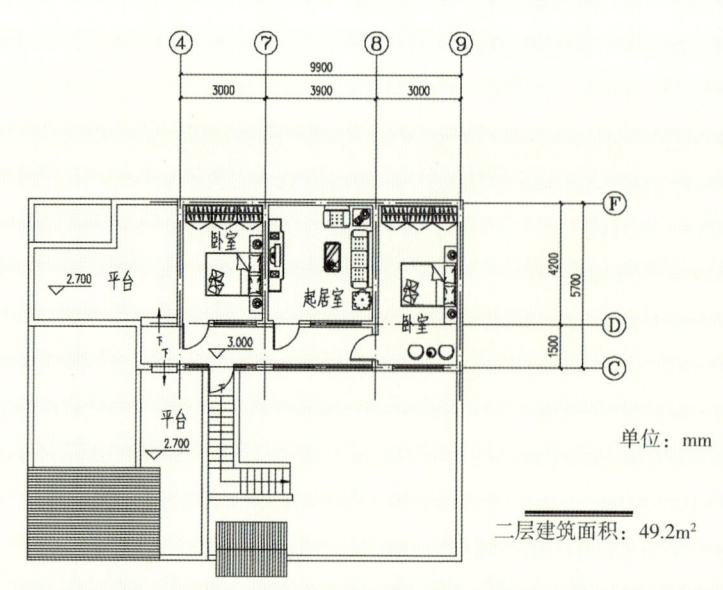

（4）二层平面图

图6-21 定西典型农宅风貌（二）

六 陇中地区农宅风貌规划

（3）典型农宅风貌示例三（图 6-22）

（1）农宅效果图

（2）村庄效果图

图 6-22 定西典型农宅风貌（三）

（4）典型农宅风貌示例四（图6-23）

（1）效果图1

（2）效果图2

图6-23 定西典型农宅风貌（四）

6. 特色村落风貌规划——定西市渭源县田家河乡元古堆村

（1）村庄概况

元古堆是个风景秀丽、物产丰富的小村落。紧挨田家河村、新集村、沈家滩村、香卜路村。风景秀丽、空气清新、物产丰富，人民友好好客。2021年，荣获司法部、民政部第八批"全国民主法治示范村（社区）"称号。2021年8月25日，入选第三批全国乡村旅游重点村名单。2021年9月，被中央农村工作领导小组办公室、农业农村部、中央宣传部、民政部、司法部、国家乡村振兴局表彰为"第二批全国乡村治理示范村"。

（2）村庄整治方案

沿街建筑的屋顶形式、山墙等建筑根据农宅设计方案进行局部整治美化。对农宅墙体、门窗进行修补、翻新。沿街外立面整治选用当地材料，采用具有地域特色的形式，保留村庄特色的石质地基，并作为文化墙进行文化宣传活动。对地面铺装及排水沟渠进行翻新修整，利用当地材料进行铺设。对街道空间进行整理，将散乱放置的砂石砖块清理出来。对街道交会处空间，进行绿化美化，形成景观节点。

元古堆村改造前后对比，见图6-24。

改造前

改造后

图6-24 元古堆村改造前后对比

七

陇东地区农宅风貌规划

陇东地区主要包括平凉市、庆阳市所辖的15个县区。

1. 自然环境——黄土高原、沟壑纵横

陇东地区位于陕、甘、宁交界地带，是黄土高原、内蒙古高原、青藏高原、秦巴山区的交会处，是典型的农牧交错带；陇东区域内沟壑纵横，具有典型的塬、梁、峁、丘陵、沟壑地形，地势西北高，东南低，分布高程一般为1400～1600 m；陇东地区气候属于半湿润向半干旱过渡地带，同时具备湿润区、干旱区的气候特征。自然植被分布自南向北呈现出由森林向草原过渡的总体趋势。陇东地区地处东亚季风的尾闾区，平均年降水量300～600 mm，从东南向西北逐渐减少。境内河流水系属于黄河流域，主要包括泾河水系等。

2. 文化特征——先周文化的发源地

陇东地区有着丰富的周祖文化、农耕文化、先秦文化等历史文化资源。民居多以合院式和窑洞为主，合院布局结构对称、紧凑，院落围合感强，体现了礼仪秩序、轻灵古朴的文化内涵。同时文化与环境相互影响，陇东地区形成了独特的窑居文化，营造出独特的地域特色。

3. 民居特征——礼仪秩序、古朴厚重、环境共融

陇东地区纬度较高、黄土层深厚，当地居民多利用黄土来修建合院或窑洞。合院是礼仪秩序的体现，多以四合院为主，传统民居以土坯筑墙，双坡屋顶反拱舒展，以黄土自然的暖黄色为主，同时有砖雕艺术，多采用赭红色木构装饰，彰显着陇东农宅建筑的朴素厚重；窑洞式农宅，充分利用了黄土高原地区丰富的黄土和山石资源，融于自然，更是被尊为"长在土地上的神仙洞"，包括靠崖式窑洞、箍窑及地坑窑等形式。窑洞采用拱形门窗的造型，窑口以青砖砌衬，无过多装饰。

陇东地区民居特征可概括为"古朴、融入、厚重、精致"八个字，详见图7-1。

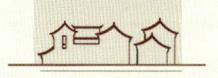

七 陇东地区农宅风貌规划

图 7-1 陇东地区民居特征

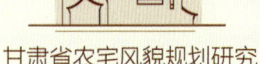

（一）庆阳市

1. 地区概况

（1）历史文化

庆阳作为先周、始祖、黄河流域的农耕文化和中国传统农业的发祥地之一，素有"陇东粮仓"之称。历史悠久，文化积淀厚重，其民俗文化独树一帜，被中国民俗学会命名为"周祖农耕文化之乡""香包刺绣之乡""民间剪纸之乡""徒手秧歌之乡""荷花舞之乡""皮影之乡""窑洞民居之乡"。境内董志塬号称"天下黄土第一塬"，由于和黄土有着密不可分的关系，窑洞民居成为庆阳数量最多，分布最稠密，风格最突出的传统民居的代表。

（2）地域环境

庆阳位于黄河中上游黄土高原沟壑区，夏季干旱少雨，冬季干燥寒冷，不利的自然条件和脆弱的生态环境，孕育了窑洞民居的建筑形态。庆阳民居从院落整体选址布局到单体窑洞建造，都顺应地形地势，将建筑最大限度融入自然环境中。居住空间周围受到深厚土层的保护，起到保温的效果。住宅多采用坐北朝南的布局，使院落和房屋、窑洞的南向尽可能多地获得日照，提高室温，产生冬暖夏凉的室内环境。窑洞的建造原则是：避湿就干，避低就高，避阴就阳。

2. 传统元素梳理

（1）农宅特点

庆阳传统农宅中常见合院土木瓦房形式，该种形式的民居多用夯土墙、青瓦或红瓦屋面，土坯院墙，院落宽大敞亮。此外窑洞民居分布广泛，常见的窑洞形式有靠崖式窑洞、地坑窑、箍窑三种。

七　陇东地区农宅风貌规划

窑洞民居文化是陇东农耕文化发展的特有形式，也是人与自然环境"争"与"合"的历史见证，对陇东人的生产生活和居住形式等方面产生了重要影响。庆阳窑洞多为土窑洞，也有少量砖箍窑。窑洞构造简单，省工省料，无须砖瓦，多在塬边、沟边及山崖下挖制，开一门三窗或一门二窗，不占用地表土地。火炕是窑洞民居的又一特色，住人的窑洞必有火炕，而不设床，窑洞开一门一窗和一高窗，门窗和高窗便于上下空气对流和采光，也可随时关闭保暖。家畜圈也是农耕文化家庭必需的。

（2）建筑材质、肌理、色彩、符号

材质：民居的建造就地取材，充分利用了黄土高原地区丰富的黄土和山石资源，结合木材等材料，形成独特的建筑特点，合院瓦房材料为土、砖、木、瓦。

肌理：窑洞融于自然，被尊为"长在土地上的神仙洞"。抵御着寒风雨雪，它是封闭的；释放着大地的温暖湿润，它是开放的。不论窑洞还是合院瓦房均与黄土高原地景相适应。

色彩：以黄土自然的暖黄色为主，局部点缀青灰色、砖红色。

符号：体现黄土质感，院落围合封闭，高墙敞院，窑洞采用拱形门窗的造型，窑口以青砖砌衬，无过多装饰。

庆阳传统及新建居民如图 7-2 和图 7-3 所示。

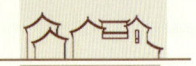

图 7-2　庆阳传统民居

图 7-3　庆阳新建民居

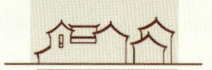

3. 农宅建筑细部（图 7-4）

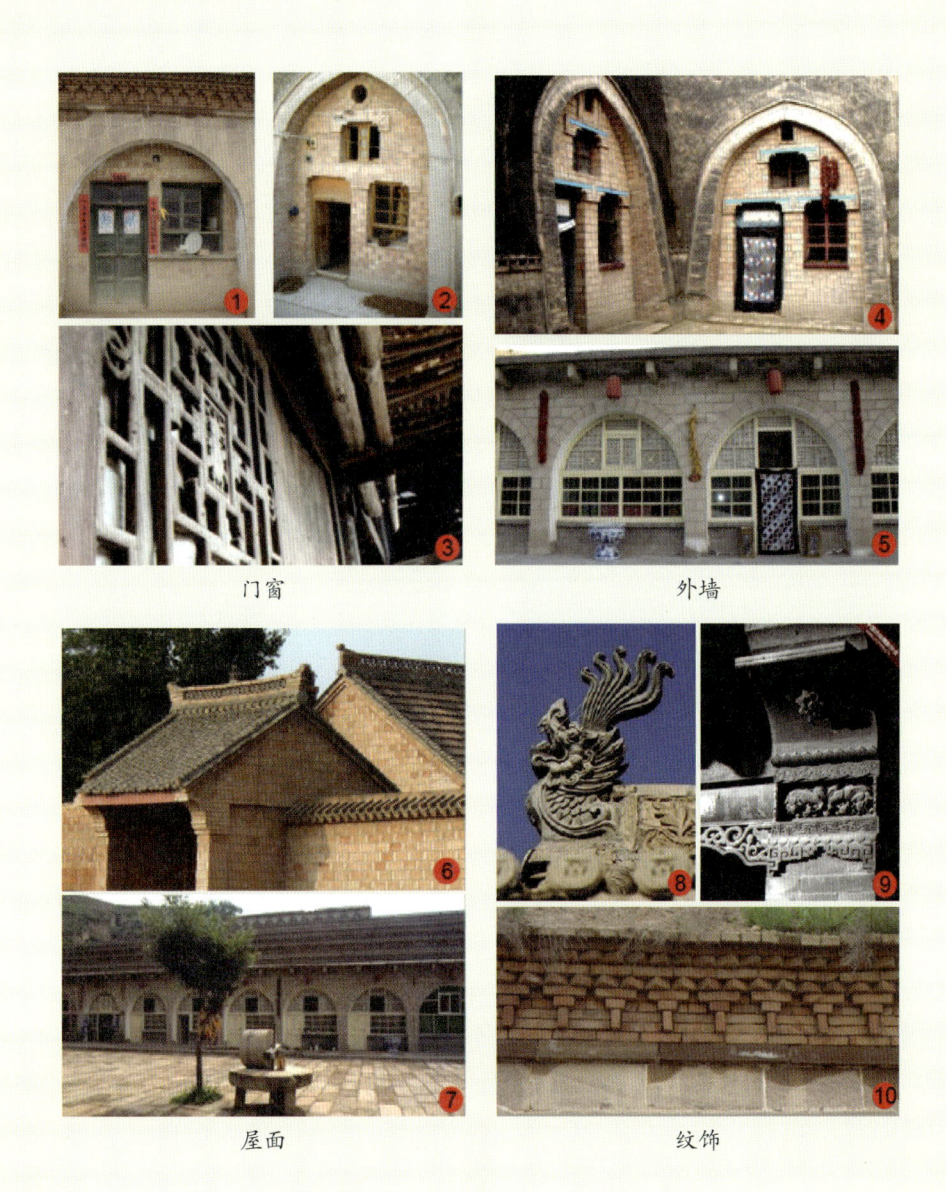

门窗　　　　　　　　　　　外墙

屋面　　　　　　　　　　　纹饰

1. 木质门　2. 高窗　3. 木格花窗　4. 土坯墙面　5. 青砖墙面　6. 屋脊　7. 屋檐
8. 脊兽　9. 柱头砖雕　10. 砖砌屋檐

图 7-4　庆阳农宅建筑细部

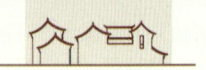

4. 建筑风貌

院落布局——以合院为主，延续并传承早期的窑洞建筑形式，并将当时"一堂两内"的空间形态沿袭至农宅的风貌中，并进行了一定程度的改造和演变。

建筑形制——建筑采用新型农宅建构技术，融入传统窑洞民居拱形洞口以及门联窗等处理方式。屋顶形式以双坡为主，平坡结合。檐口和屋脊等细部的装饰，突出对传统建筑语言的诠释。

材质色彩——在借鉴传统生土建筑的基础上，用砖或混凝土材料进行建造。色彩配合砖的处理，形成建筑肌理，并与环境相融合。

5. 典型农宅风貌

（1）典型农宅风貌示例一（图 7-5）

（1）效果图

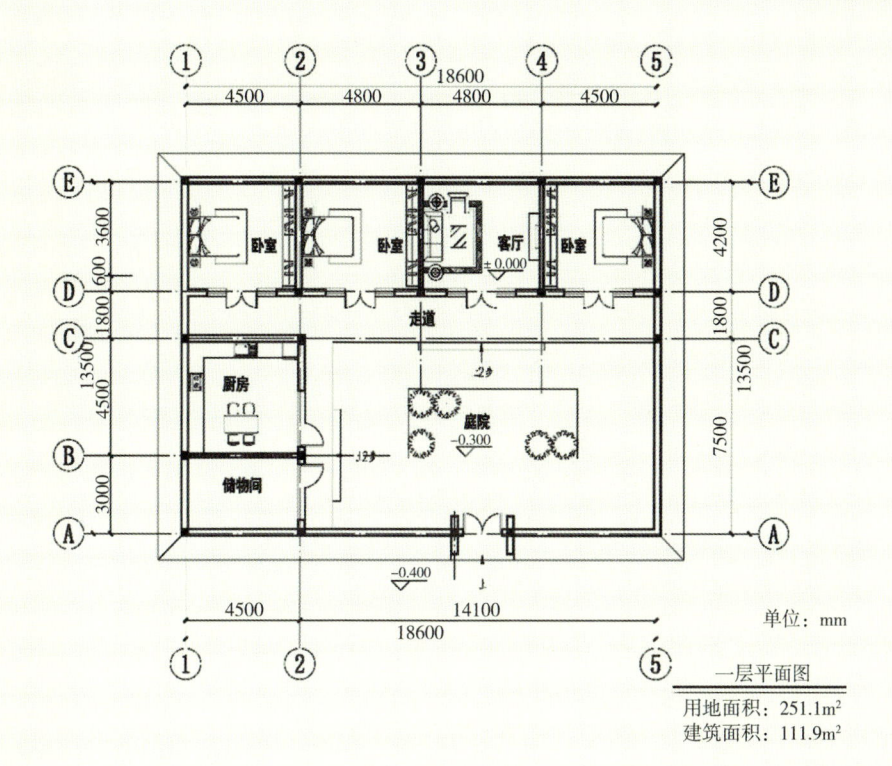

一层平面图

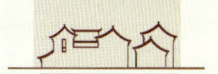

用地面积：251.1m²
建筑面积：111.9m²

（2）平面图

图7-5 庆阳典型农宅风貌（一）

（2）典型农宅风貌示例二（图7-6）

（1）效果图

139

单位：mm
用地面积：281.8m²
建筑面积：154.9m²

一层平面图

单位：mm

建筑面积：124.2m²

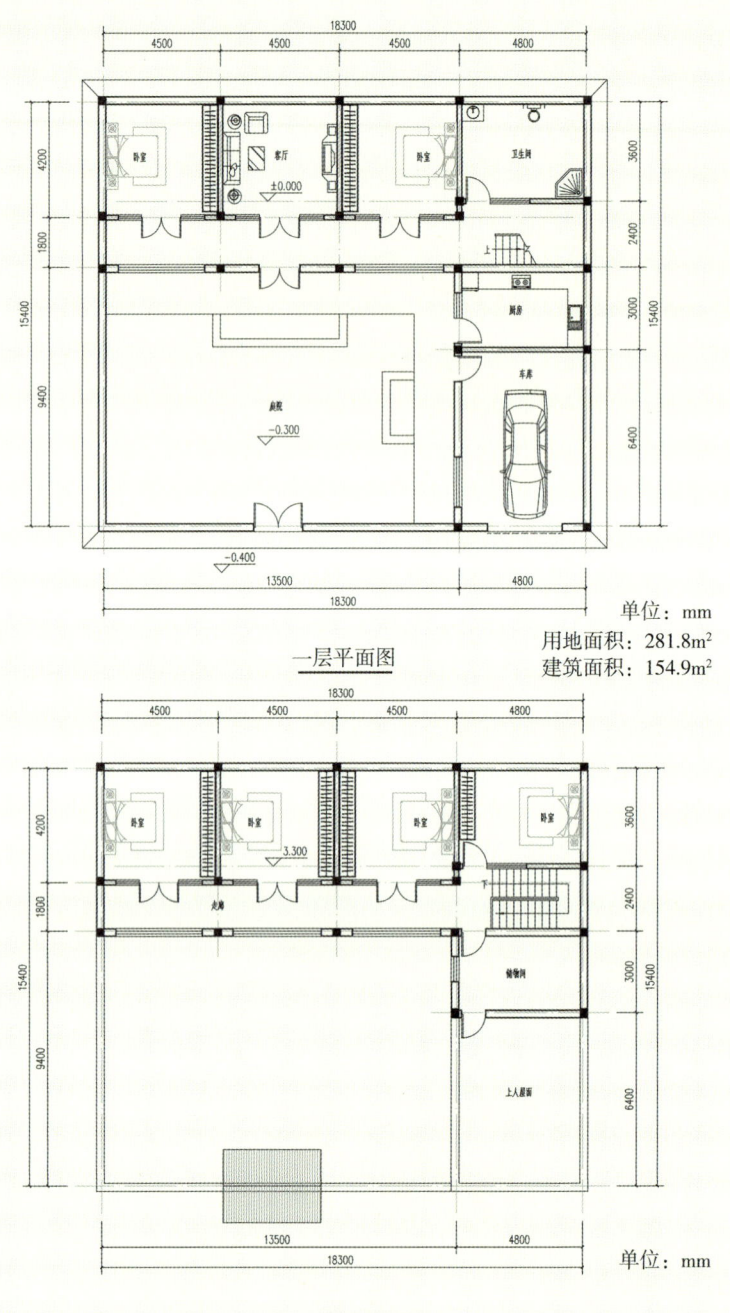

二层平面图

（2）平面图

图 7-6　庆阳典型农宅风貌（二）

七 陇东地区农宅风貌规划

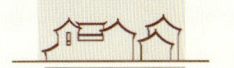

（3）典型农宅风貌示例三（图 7-7）

（1）农宅效果图

（2）村庄效果图

图 7-7 庆阳典型农宅风貌（三）

（4）典型农宅风貌示例四（图 7-8）

（1）农宅效果图

（2）村庄效果图

图 7-8　庆阳典型农宅风貌（四）

（二）平凉市

1. 地区概况

（1）历史文化

平凉位于甘肃省东部，六盘山东麓，泾河上游，为陕甘宁三省（区）交汇中心，是古丝绸之路北线东端之重镇，史称"西出长安第一城"，素有"陇上旱码头"之称。原生态原始文化的遗留和多民族文化交汇，以及地处边塞陇山两麓和泾渭两河发源地的黄土高原腹地的特殊位置，使平凉形成了多元化的文化特点。

（2）地域环境

平凉地处泾渭河冷温带亚湿润区，属半干旱、半湿润的大陆性气候，气候特点是南湿、北干、东暖、西凉，其冬季长、夏季短，温凉湿润，降雨适中。平凉地区土地类型多样，有山地、塬地和川地，特殊的地形地貌使得建筑也呈现多样的形制，窑洞、合院并存。

2. 传统元素梳理

（1）农宅特点

平凉是甘肃省主要农林产品生产基地和畜牧业、经济作物主产区，平原且多山，适于畜牧业和林业发展，因而属于农业、畜牧业、林业经济混合生产区。川区依山傍水处挖窑筑庄，定居生活；平处多建造合院，或开敞，或打院墙开院门；山区平山造田，梯田耕作，挖窑而居。

平凉早期传统民居以"板屋"为主，明清后，林木大量减少，现存民居建筑形制有两种：一是窑洞院，与庆阳地区的窑洞建筑属同一窑居文化体系，主要分布在农村沟壑、山塬地区；二是合院式民居建筑，与天水地区的四合院建筑风格接近。采用围合院落、坡顶建筑形式。

（2）建筑材质、肌理、色彩、符号

材质：四合院建筑以土坯筑墙，青砖墙裙，白墙灰瓦为主要建筑材料。窑洞建筑以黄土为主要建筑材料。

肌理：自然平和，合院瓦房双坡屋顶反拱舒展，有挑檐或檐廊。窑洞常在沟边、塬边、崖边排列形成村庄。

色彩：以黄土自然的暖黄色、白色为主，辅以青灰色。

符号：朴素厚重，体现黄土质感，有砖雕艺术，多采用赭红色木构装饰。平凉传统和新建民居详见图7-9和图7-10。

图7-9 平凉传统民居

七 陇东地区农宅风貌规划

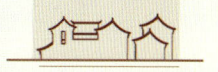

图 7-10 平凉新建民居

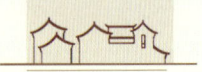

3. 农宅建筑细部（图7-11）

门窗 　　　　　　　　　外墙

屋面 　　　　　　　　　纹饰

1. 院门　2. 木质院门　3. 堂屋屏门　4. 门联窗　5. 夯土院墙　6. 石雕勒脚　7. 夯土外墙
8. 砖砌山墙　9. 门头　10. 屋檐　11. 檐角　12. 屋脊　13. 砖雕　14. 脊兽　15. 木椽
16. 封檐墙

图7-11　平凉农宅建筑细部

4. 建筑风貌

院落布局——平凉地区气候温凉，冬季长达半年，因而平面布局采用较为封闭的三合院形式，布局结构对称、紧凑，院落围合感强，高门矮墙。

建筑形制——建筑注重冬季保温，墙体厚重，屋顶以双坡为主。屋脊、屋檐、照壁等细部的处理注重传统建筑语言的表达。

材质色彩——采用砖、石、木、瓦等建筑材料，色彩以浅色调的白与深色调的灰结合，配合过渡色调的处理，局部采用红色木构作为装饰。

5. 典型农宅风貌

（1）典型农宅风貌示例一（图7-12）

（1）效果图

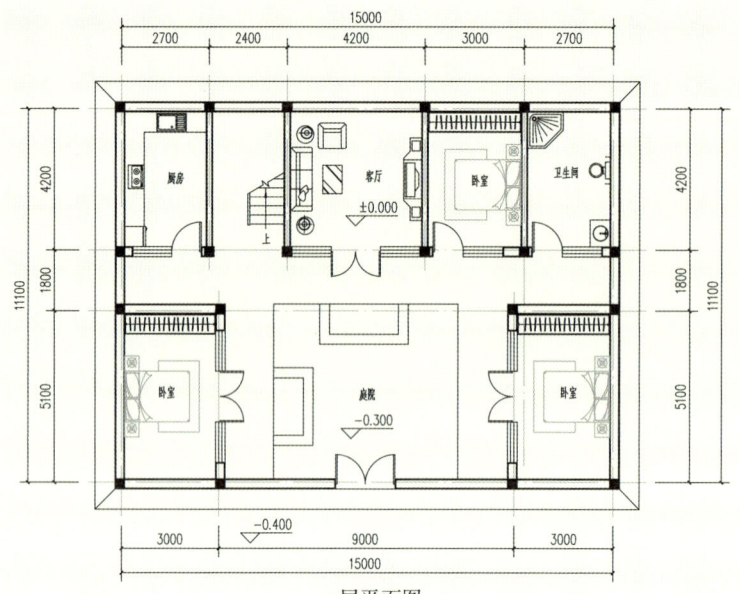

一层平面图
用地面积：166.5m²
建筑面积：93.6m²

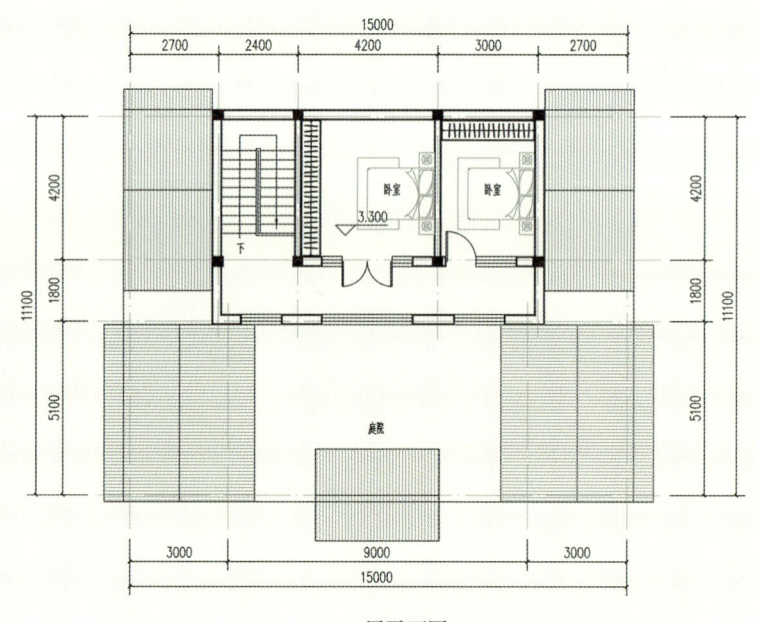

二层平面图
建筑面积：40.3m²

（2）平面图

图7-12 平凉典型农宅风貌（一）

七　陇东地区农宅风貌规划

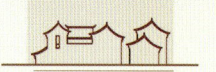

（2）典型农宅风貌示例二（图7-13）

（1）效果图1

（2）效果图2

图7-13　平凉典型农宅风貌（二）

149

6. 典型农宅院落布局（图7-14）

（1）效果图

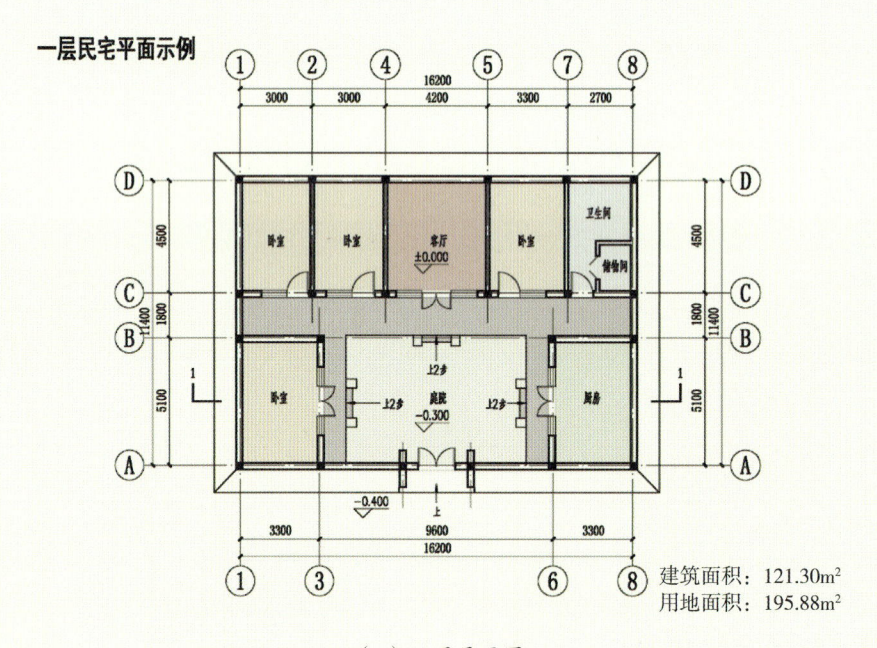

一层民宅平面示例

建筑面积：121.30m²
用地面积：195.88m²

（2）一层平面图

七　陇东地区农宅风貌规划

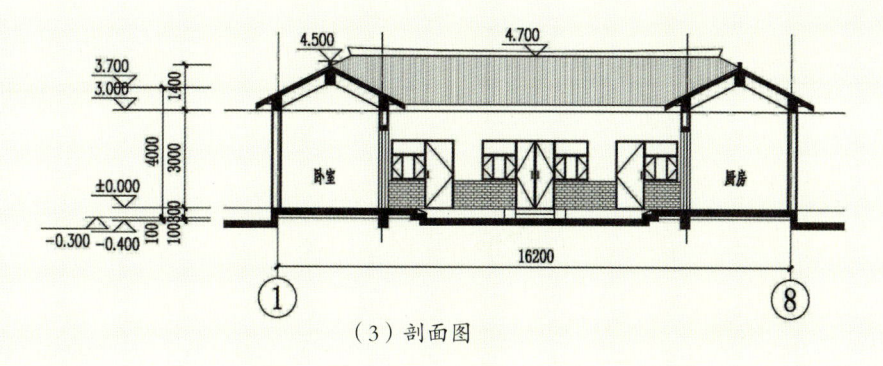

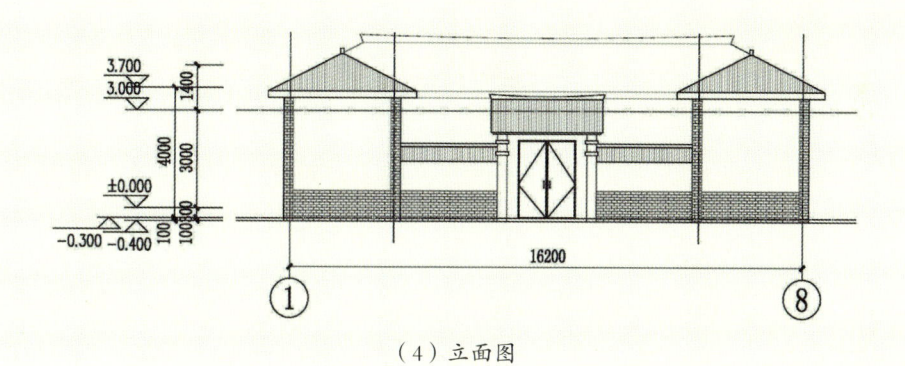

（3）剖面图

（4）立面图

图7-14　平凉典型农宅院落布局

151

八

陇东南地区农宅风貌规划

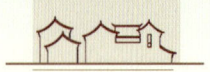

陇东南地区包括天水市、陇南市所辖的16个县区。其中特色地区主要有秦安县五营镇邵店村、康县岸门口镇朱家沟村等。

1. 自然环境——山水相间、林田掩映

陇东南地区位于秦巴山区、青藏高原、黄土高原三大地形交汇区域，西部向青藏高原北侧边缘过渡，北部向陇中黄土高原过渡，东部与西秦岭和汉中盆地连接，南部向四川盆地过渡（其中陇南及天水南部主要属西秦岭东西向褶皱带发育的高、中、低山地与山间盆地，天水北部属陇东黄土高原）。陇东南地区河流水系分属黄河流域与长江流域两大流域，也是甘肃省唯一同时具有河谷亚热带气候和丰富生物资源的森林景观区。该地区地形起伏较大，垂直差异明显，形成了重峦叠嶂、山高谷深的自然景观，其民居因地制宜、顺应地势，多沿山脉走向布置，整体布局较灵活，受地形和气候影响，建筑地基狭小。

2. 文化特征——以华夏文明为根基、以秦巴文化为内核

陇东南地区有着丰富的始祖文化、先秦文化等历史文化资源，独特的地理位置还造就了古代氐、羌、藏等民族文化与汉文化的大融合，以及秦陇文化与巴蜀文化的大交汇。天水民居继承了秦汉、唐宋建筑的优良传统，显得朴素典雅，古风犹存。陇南是甘肃板屋建筑最多的地区，还有部分羌、藏式碉房及传统合院。文化与环境的相互影响，营造出了陇东南地区独特的地域特色。

3. 民居特征——北雄南秀、严谨灵动、环境共生

陇东南地区的合院重视宗法礼教的居住制度，建筑形制以三合院、四合院为主，传统民居以土坯墙面和单坡造型彰显北方建筑的粗犷和豪放，又有细致精美的隔扇、门窗、栏板、梁头，同时追求步移景异的审美，融进了南方民居常见的小天井，并对其进行组合和变形，在庭院中种植花草以营造雅致氛围，因此，陇东南地区民居既有南方的钟灵毓秀，又有北方的粗犷雄浑。因为降雨较多，屋面常采用硬山顶式、悬山顶式和歇山顶式。陇东南地区民

八 陇东南地区农宅风貌规划

居装饰题材极为丰富，几何纹样主要用于门窗梁柱的修饰，动植物纹样主要用于屋檐、屋脊、雀替、斗拱、门窗、栏杆等处的修饰，文字纹样主要用于影壁、瓦当等处的修饰，抽象纹样主要用于门窗的装饰，常采用勾纹、回纹、线纹、冰裂纹、龟背锦、灯笼锦、步步锦等形式。

陇东南民居特征可概括为"秩序、融合、精巧、细致"八个字，详见图8-1。

图 8-1 陇东南民居特征

（一）天水市

1. 地区概况

（1）历史文化

天水古称"秦州"，南通巴蜀，东连三秦，西接关陇，是丝绸之路和茶马古道的必经之地，自古是中国西部政治、经济、文化重镇，也是商品集散交易的重要商埠，其几千年的历史文化谱写了中华文明的序曲，是中华民族的重要发源地。天水地理中心的作用使其成为中国东南西北文化的交汇之地，其历史文化是在中原文化的基础上融合了巴蜀和楚文化而形成的，所以天水的传统民居建筑都带有东西过渡、南北交融的特点。天水传统民居中占大多数的当属典型北方四合院，这种主流建筑形式充分体现了尊卑有序、内外有别的儒家文化思想和封建宗族制度的需要。

（2）地域环境

天水地处陇中黄土高原与陇南山地相互交接地带；地域横跨黄河、长江两大水系，属温带季风气候，境内山川叠嶂，土地沃腴，气候温和湿润，四季分明，日照充足，降水适中且自东南向西北逐渐减少。传统民居院落空间通常较为宽敞，利于活动；房屋山墙和后檐墙采用较厚的墙体，利于保温；屋顶多采用双坡顶和单坡顶结合的形式，且坡度稍大，利于排水。

2. 传统元素梳理

（1）天水地区农宅特点

天水四合院的建造规模，以二至四进院为主，均以中轴线对称形式建造。民居院落平面规整，院落多坐北朝南，院落大门多位于东南，厕所置于院子的西南角。院门多采用屋宇门形式，倒座房的后墙坚固高峻，门框、门扇坚实厚重。院门形制简约朴素，藏拙不显豪富。民居建筑单体平面多呈锁子厅式、廊檐式和挑檐式三种形式。天水民居既有北方的庄重开朗和质朴敦厚，又有江南的秀丽灵巧。

天水农业生产以传统的农耕、林业、养殖为主。农宅的生活院落兼顾多方面需要，四合院的形成是受历史传统及文化古风影响的结果；房屋四面屋顶均为一坡，各自向院内延伸形成高峻后墙、深巷高墙；院内地面宽大方正，花砖铺地，园林景观，房舍四面带廊，有冬暖夏凉特点。其外封闭、内开放的独立庭院形式显示了我国北方独具特色的民居艺术风格。

（2）建筑材质、肌理、色彩、符号

材质：天水传统民居就地取材，以土坯砖、青砖、小青瓦和木材为主要材料，外檐多为枋木分格，台阶用青砖和块石砌筑。天水民居多为由土坯墙和青砖墙构成的土木、砖木结构。

肌理：地处西北地区，民居建筑虽少砖石、多土墙，但装修精致自然，显得质朴敦厚而又轻盈灵动。总体布局疏密有度，主次分明，有开有合，外封闭内开敞；庭院精致，屋身尺度适中，凹曲屋面，青砖灰瓦，反宇飞檐，造型优美。

色彩：传统民居色彩可以总结为"自然本色"，外观为灰调土墙，内院的梁柱、门窗、家具和木雕，均为木质原色，砖瓦总体呈现出崇尚自然、淡雅的粉墙黛瓦"水墨画"式格调，局部在檐、枋、斗拱等上面点缀素色彩画。

符号：院门、垂花门、外天井、砖雕影壁、廊檐、窗棂、栏杆、花砖庭院等是天水传统民居建筑的主要标志。

天水传统和新建民居如图 8-2 和图 8-3 所示。

图 8-2　天水传统民居

图 8-3　天水新建民居

3. 农宅建筑细部（图 8-4）

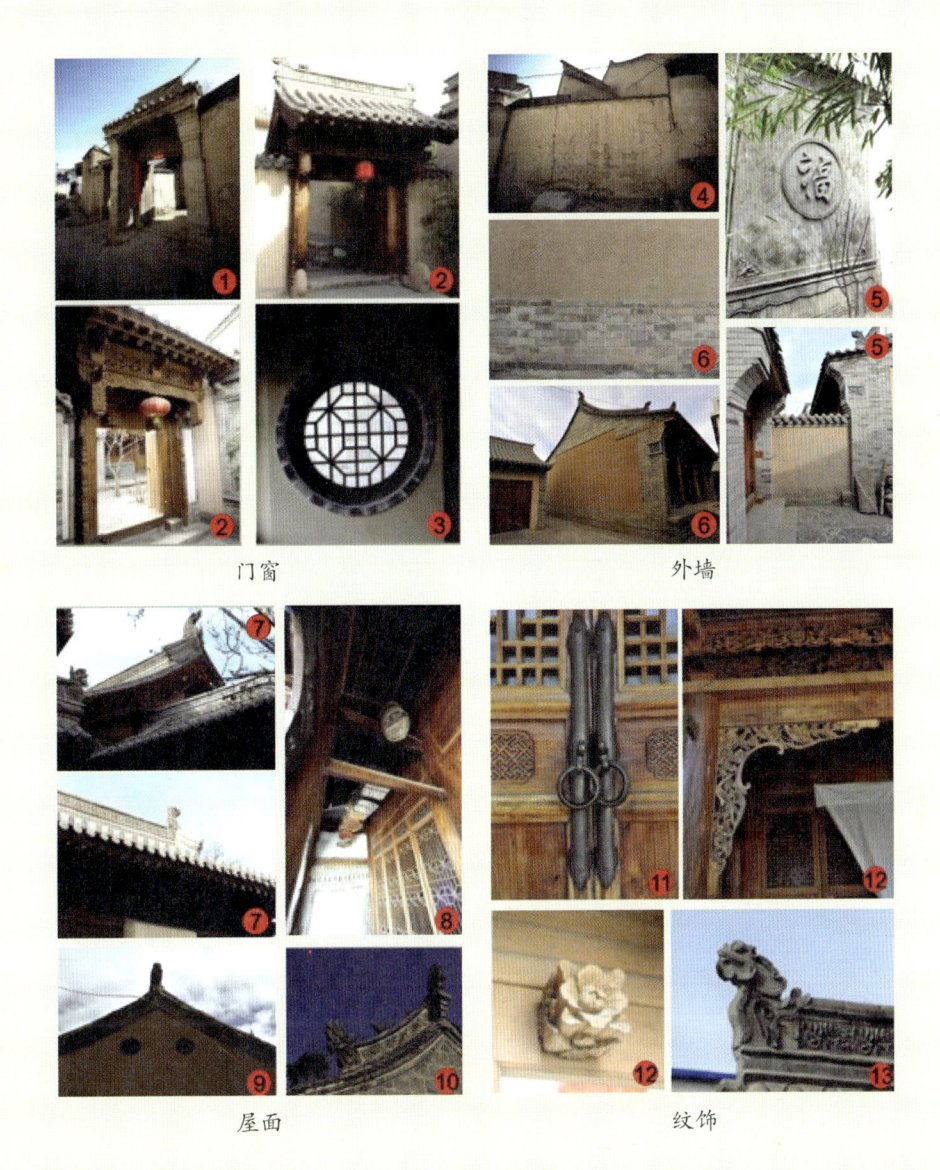

门窗　　　　　　　　　　　　外墙

屋面　　　　　　　　　　　　纹饰

1. 院门　 2. 门头　 3. 窗花　 4. 夯土山墙　 5. 青砖墙　 6. 砖砌勒脚　 7. 瓦当　 8. 穿插枋
9. 垂脊　 10. 吻兽　 11. 门环　 12. 额枋　 13. 脊兽

图 8-4　天水农宅建筑细部

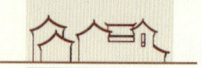

4. 建筑风貌

院落布局——以合院式空间为主，内部空间围绕中庭布局，形成宽敞的院落空间。

建筑形制——由于冬季较为寒冷，因而山墙和后檐墙采用较为厚重的墙体作为围合；屋顶采用单双坡为主、平坡结合的形式，屋脊饰以雕花。起居空间与卧室之间以暖廊连接，利于冬季的保温。

材质色彩——建筑材料以土木、砖石为主，采用的色彩有砂岩红、原木黄、青灰色、浅灰麻等。

5. 典型农宅风貌

（1）典型农宅风貌示例一（图8-5）

（1）效果图

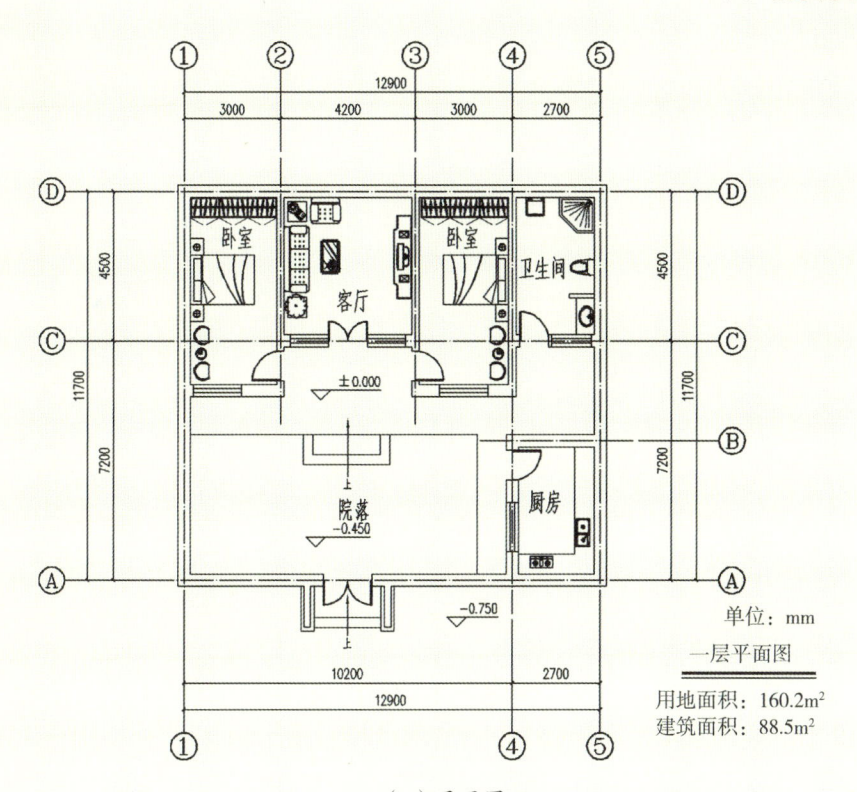

八　陇东南地区农宅风貌规划

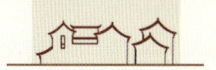

单位：mm
一层平面图
用地面积：160.2m²
建筑面积：88.5m²

（2）平面图

图 8-5　天水典型农宅风貌（一）

（2）典型农宅风貌示例二（图 8-6）

（1）效果图

161

一层平面图
用地面积：160.2m²
建筑面积：88.5m²

二层平面图
建筑面积：66.9m²

单位：mm

（2）平面图

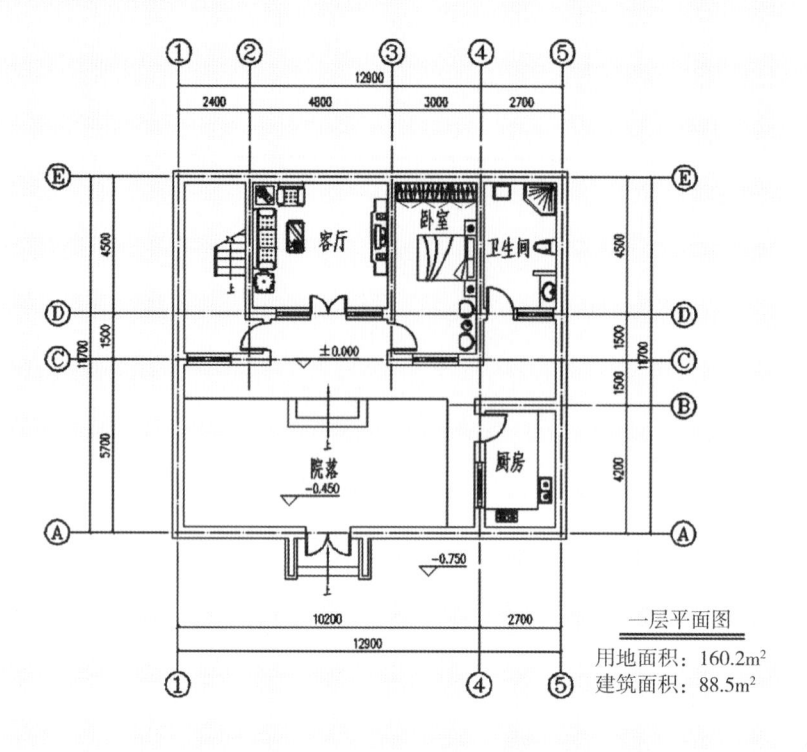

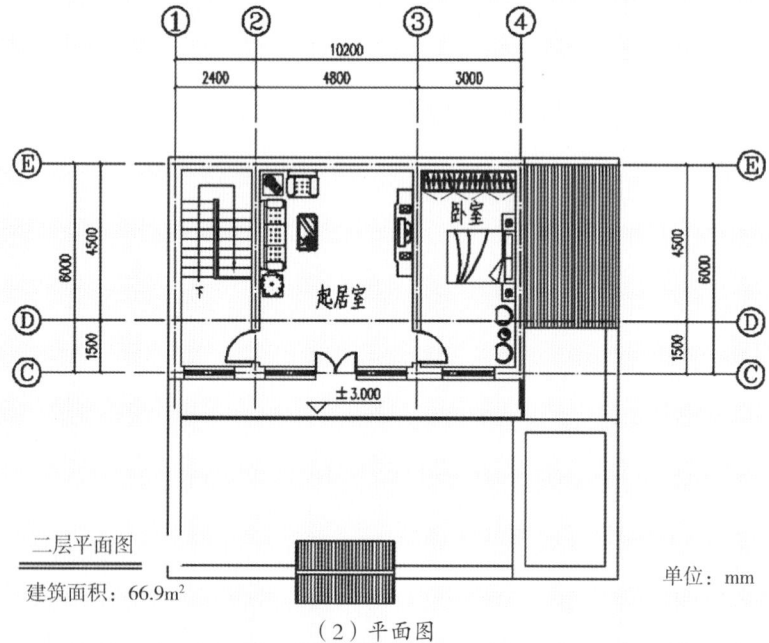

图 8-6　天水典型农宅风貌（二）

（3）典型农宅风貌示例三（图8-7）

（1）效果图1

（2）效果图2

图8-7 天水典型农宅风貌（三）

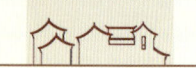

（4）典型农宅风貌示例四（图 8-8）

（1）效果图 1

（2）效果图 2

图 8-8　天水典型农宅风貌（四）

八 陇东南地区农宅风貌规划

（5）典型农宅风貌示例五（图 8-9）

（1）效果图 1

（2）效果图 2

图 8-9 天水典型农宅风貌（五）

（6）典型农宅风貌示例六（图8-10）

灰砖墙面+落地窗+木格栅装饰

（1）效果图1

白色墙面+灰砖墙裙+传统木构件
部分开窗采用落地大开窗形式

（2）效果图2

增加绿化元素，
与周边环境协调

（3）效果图3

图8-10　天水典型农宅风貌（六）

6. 特色村落风貌规划——秦安县五营镇邵店村

（1）村庄概况

邵店村（图 8-11）位于秦安县城东北部，距秦安县城 45 千米，是五营镇政府所在地，地处清水河流域中游，汉代即为著名的丝绸之路的必经之地。2006 年 8 月，邵店村被甘肃省建设厅和甘肃省文物局评为甘肃省首批历史文化名村，有全国重点文物保护单位大地湾遗址等多处不可移动文物。距今 7800 多年的大地湾遗址，被称为中华人民共和国重大考古发现之一，也被学术界评为我国 20 世纪百项重大考古发现之一，为重建中国史前史提供了非常宝贵的资料。

图 8-11　秦安县五营镇邵店村概貌

(2)风貌规划

结合建设控制地带的村庄文化展示空间,严格控制传统村落建筑风貌,传承延续传统村落文化。

建筑形体与色彩:强调保护现有和传统建筑的建筑形体与色彩。整治和改造的建筑应与周边建筑相协调,采用木质窗框、构建等装饰。整体色调以青黑、黄土、红木色为主,新建建筑禁止采用大面积鲜亮颜色。

建筑材料:传统建筑多采用木、土木材料,屋顶为黑瓦,地面多为三合土、青红砖等材料。对于需要改善、修缮的部分建筑,采用相应的木质、本地石材、卵石、灰瓦等材料进行修缮与维护。建设控制范围内的已建建筑和拆除重建的建筑可为砖混结构,但在装饰与装修颜色上应与传统建筑相协调。

屋顶:屋顶形式主要以单坡硬山顶为主,正脊和脊角一般为清水脊。垂脊一般为披水排山脊,或不起垂脊,做披水边垄。

门窗:门窗一般用传统木质隔扇门和格栅窗。

院墙:主体材质为砖、土坯、夯土;墙帽为砖砌瓦顶;墙体下碱。院门形式以小门楼(随墙门)为主,清水脊硬山屋顶,讲究的有砖雕飞子,形制与建筑屋顶基本相同。门楣以砖砌线脚居多;腿子下部为砖砌下碱,上部一般用砖做简单装饰。木质传统大门,由门框、门扉、门簪和横披构成,门簪和横披上可做装饰,门扉上有铺首(如图8-12所示)。

图8-12 邵店村传统民居

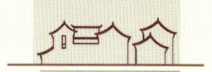

（3）农宅风貌规划效果（图 8-13 至图 8-14）

（1）效果图 1

（2）效果图 2

图 8-13　邵店村典型农宅风貌规划效果图

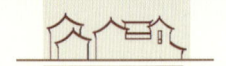

图 8-14 邵店村街巷及农宅整治效果图

（二）陇南市

1. 地区概况

（1）历史文化

陇南古属梁州，是甘肃境内唯一的长江流域地区，素有"秦陇锁钥、巴蜀咽喉"之称，享有"陇上江南"之美誉，是我国古代氐人和羌人活动的核心地区。历史上，陇南是古代各种政治军事力量激烈争夺的战场，攻伐消长与民族交往构成陇南社会历史的重要内容。氐族、羌族、汉族及先后进入陇南的其他各民族，互相影响，互相融合，共同创造了陇南灿烂的古代文化。陇南东连陕西，南接四川，北靠天水，西连甘南，传统民居建筑受周边地域文化影响较深。

（2）地域环境

陇南地理位置属中国西南地区，地处中国大陆第二级阶梯向第三级阶梯过渡的地带，位于秦巴山区、青藏高原、黄土高原三大地形交会区域，西秦岭和岷山两大山系伸入全境，境内高山、河谷、丘陵、盆地交错，地域差异明显。气候属亚热带向暖温带过渡区，气候温润，光热充足，降雨量大，自然风光秀美，水资源丰富，全境纵横密布江河溪流。传统民居院落布置因地制宜，顺应地势，融于自然，高低错落，房屋讲究自然通风、自然排水、保温隔热，山墙多有通气孔，整体民居风格兼有北方之淳厚，南方之灵秀。

2. 传统元素梳理

（1）陇南农宅特点

陇南民居建筑依山面水，就势而建，自然成形，村落规模普遍较小。传统的陇南民居是南北朝向的三居室或三合院、四合院，大多数房屋有廊檐，适合多雨气候。房屋结构南北结合，形成独特的陇南地域风格，其东部和北部是北方传统土木或砖木结构，采用硬山双坡或单坡青瓦屋面。合院布局上，南部和西部是穿斗式屋架结构，山墙悬山木枋，双坡或单坡青瓦屋面，开敞式院落，房屋墙基和台阶多用条石或砖石砌筑，院落朝向均利于通风。民族杂居村落均以汉式建筑为主，选材和风格形式各自体现本民族特点，如碉楼、阁楼、吊脚楼、叠石建筑、板屋民居等。

农耕、经济作物、药材种植、林牧业形成其多元的生产方式。民居院落中常设有附属建筑，如家畜圈舍、储粮间、农具间等。山区民居为利于通风，正房屋架较高，设阁楼储物。陇南民居院门设置有传统民俗要求，不循定制，讲究家庭风水，并融入了石刻艺术。总体而言，陇南传统民居分区域各具特色，集建筑、雕刻、生活、民俗、文化于一体。

（2）建筑材质、肌理、色彩、符号

材质：木构框架，多数是用夯土墙或清水砖墙砌筑山墙和后檐墙，下碱为块石或卵石、叠石砌筑，屋面合瓦铺设，屋脊有砖脊和瓦脊，正房房屋正面多用木板墙围护，有明柱檐。常用材料有木、夯土、土坯砖、石、青砖。

肌理：东、北部封闭合院，大气庄重；西、南部开敞错落，木质肌理明显，轻盈自然；民族聚居区多为汉式结构，平坡结合，各具特色。

色彩：白墙青瓦，层次分明，东、北部木构自然原色，青灰浅冷基调；西、南部木构赭黄或中黄色，玄色或铜色窗套和梁架构件。建筑总体采用黄白黛色，浅暖基调。

符号：屋顶、边脊、山墙、檐廊、木质雕花门窗、檐口、院门、勒脚、台阶、围墙都有特定符号表现，且各区域存在不同。砖雕、石雕、木雕、彩绘、泥坯烧制工艺常用在装饰部位。

陇南传统和新建民居如图 8-15 和图 8-16 所示。

八 陇东南地区农宅风貌规划

图 8-15 陇南传统民居

图 8-16 陇南新建民居

3. 农宅建筑细部（图8-17）

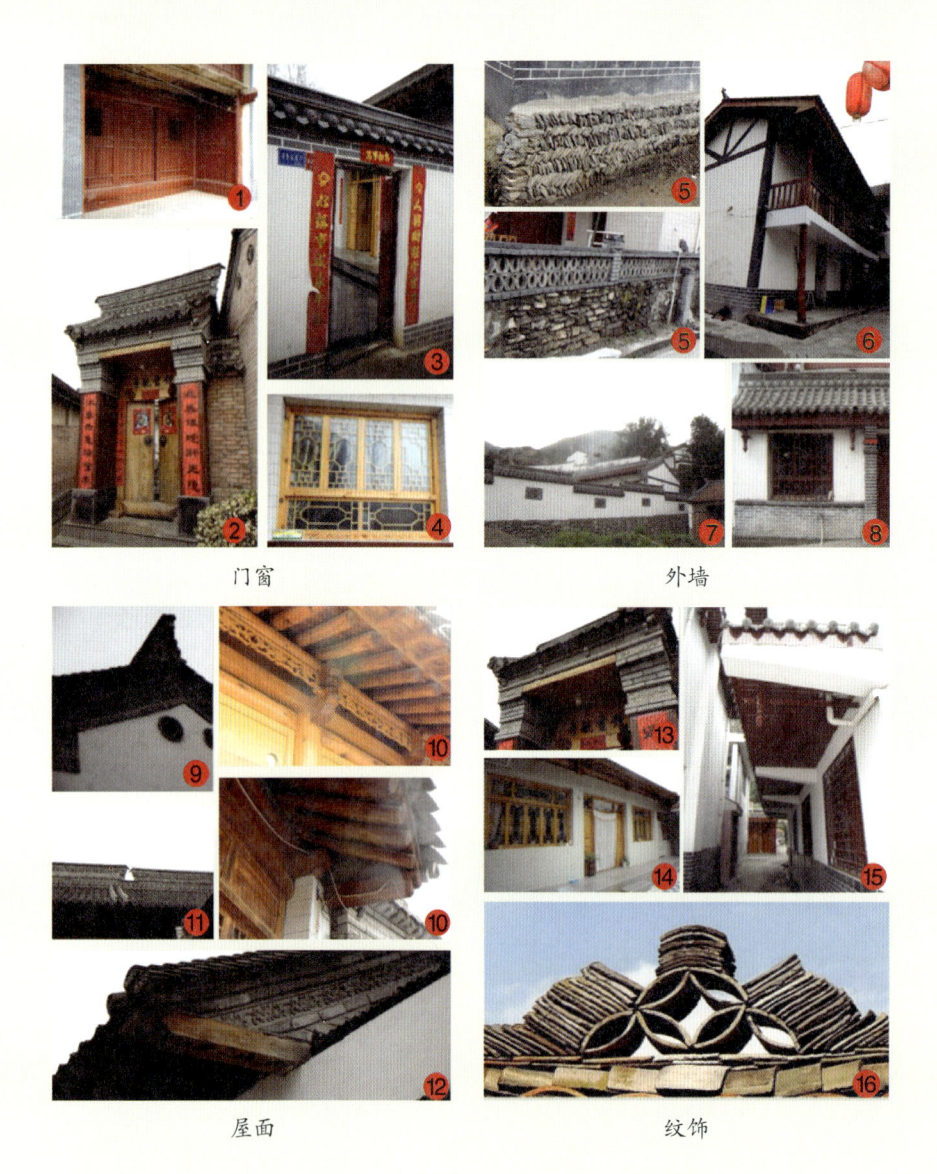

门窗　　　　　　　　　　　外墙

屋面　　　　　　　　　　　纹饰

1. 木质门　2. 木质院门　3. 院门　4. 花窗　5. 毛石墙基　6. 山墙　7. 院墙　8. 砖砌勒脚
9. 垂脊　10. 檐椽　11. 正脊　12. 檐角　13. 门头　14. 窗花　15. 垂花柱　16. 脊兽

图8-17　陇南市农宅建筑细部

4. 建筑风格

院落布局——采用三合院的院落空间形式，院落设有前院和侧院，前院用以种植和居民日常活动，为居民提供室外活动、休憩的空间。侧院用以放置农具及饲养家禽。院门与院墙成一定角度，以满足当地民居对于风水的要求。

建筑形制——房屋形制简洁明快，屋顶采取以单坡和双坡为主，平坡结合的形式，并设有檐廊，出檐较为深远，以适应陇南多雨的气候。注重挡檐墙、门窗、屋脊等细节的艺术处理，屋脊、檐下墙、院门、门窗等细节处采用砖雕、石雕、木雕、彩绘等传统工艺，突出地方特点。

材质色彩——以木材、砖石、瓦等作为建筑的基本材料。墙体采用清水砖墙，饰以白色涂料，墙基以砖石砌筑，木色门窗，屋顶用青瓦铺设。色彩以暖黄、白色、青灰为主，清爽、素雅的建筑掩映在秀美风光之间，体现"陇上江南"的灵动之感。

5. 典型农宅风貌

（1）典型农宅风貌示例一（图 8-18）

（1）效果图 1

（2）效果图2

（3）效果图3

八 陇东南地区农宅风貌规划

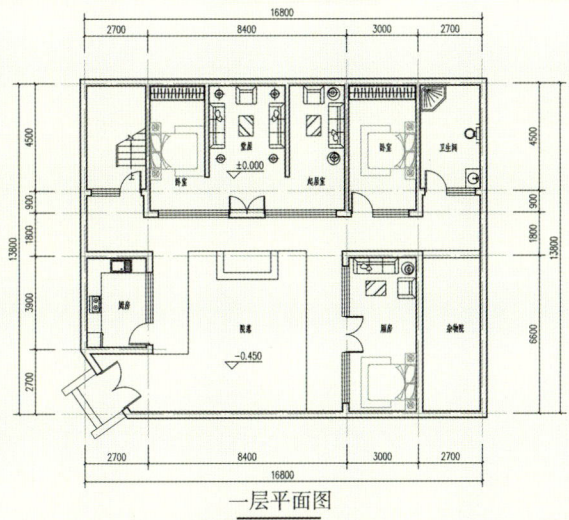

一层平面图
用地面积：240.6m²
一层建筑面积：130.8m²

（4）一层平面图

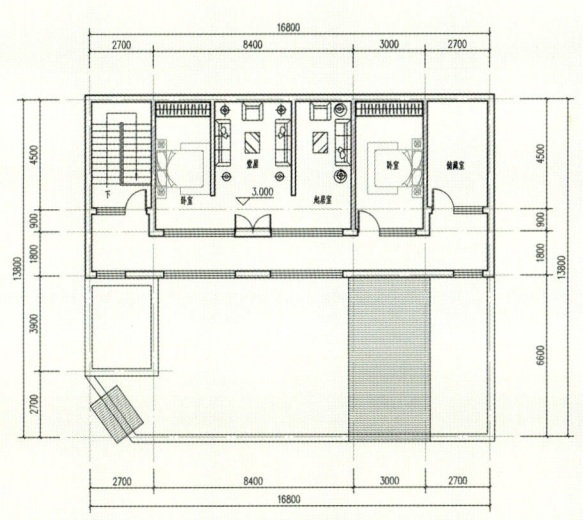

二层平面图
二层建筑面积：94.2m²

（5）二层平面图

图 8-18 陇南典型农宅风貌（一）

（2）典型农宅风貌示例二（图 8-19）

（1）效果图 1

（2）效果图 2

（3）效果图 3

图 8-19　陇南典型农宅风貌（二）

八 陇东南地区农宅风貌规划

（3）典型农宅风貌示例三（图 8-20）

（1）效果图 1

（2）效果图 2

（3）村庄效果图

图 8-20 陇南典型农宅风貌（三）

179

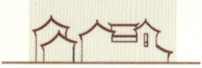

（4）典型农宅风貌示例四（图 8-21）

（1）效果图 1

（2）效果图 2

图 8-21　陇南典型农宅风貌（四）

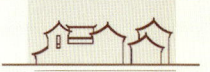

（5）典型农宅风貌示例五（图8-22）

（1）效果图1

（2）效果图2

图8-22 陇南典型农宅风貌（五）

6. 特色村落风貌规划——康县岸门口镇朱家沟村

（1）村庄概况

朱家沟村（图 8-23）地处陇南山区，气候温和湿润，自然生态本底极佳。整个村落选址背山面水，村落背靠牛头山，前对燕子河，有"象鼻吸水"之势。村口有一棵千年麻柳古树，中华人民共和国成立初期树下曾是召开县、区、乡三级干部会议的会场。村落有朱氏氏族文化、商贾文化以及红色文化，历史文化价值突出，文化旅游资源丰富。2016 年底，康县岸门口镇朱家沟村入选第四批中国传统村落名录。

朱家沟村 2020 年 1 月被评定为国家 4A 级旅游景区，2020 年 7 月入选第二批全国乡村旅游重点村。2020 年 12 月 21—23 日，农业农村部、甘肃省人民政府、世界旅游联盟、法国"一带一路"美丽乡村联盟在康县举办 2020"一带一路"美丽乡村论坛。这也为朱家沟村旅游业发展提供了契机。朱家沟村是具有文化传承与旅游活化特色的代表村落，现已成为甘肃乡村旅游新名片。

图 8-23　康县岸门口镇朱家沟村宣传图

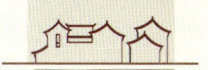

（2）风貌规划

建筑布局与风格：建筑布局应结合地形，高低错落，避免开挖山体，延续原有村落肌理。位于核心保护区内的建筑应完全符合传统民居风格；建设控制区内现存小体量民居建筑，其立面要求采用传统民居风格，屋顶形式和色彩与历史风貌相协调，大体量建筑应在色彩、建筑材料、门窗风格等方面与历史风貌相协调。

屋顶造型：保护范围内的建筑全部采用坡屋顶形式，传统建筑保持原有屋顶造型，新建及改造建筑应延续其风格，体现朱家沟村传统文化与内涵。

建筑色彩：朱家沟村的传统民居多不施重彩，传统建筑色彩以木色、土色、青砖为主，朴素淡雅（如图8-24所示）。保护区内的建筑色彩应控制在此色调范围内。墙体可利用夯土、砖石等建筑材料自身的色彩。屋顶可采用方砖，局部采用筒瓦等与周边建筑屋顶色彩一致的瓦片铺设，木构件可使用木材本色。

建筑材料：建筑材料主要以木材、土、泥、砖、石材为主，建筑结构基本为木结构。外墙一般为夯土墙或土坯墙，石头或鹅卵石做地基，墙脚和柱础、门窗基本为木质。应保护传统材料特色，传统建筑修复及新建筑建设使用的材料应在外观上与传统建筑材料风貌相符或相近。加强建筑防灾性能的安全设计，选择合适的结构类型。注重生态化技术的应用，营建人、建筑与自然环境三者融合共生的生态建筑。

图8-24　朱家沟村传统民居

（3）风貌规划实施效果

对朱家沟村民居风貌进行规划，应达到如下效果：

- 传统建筑改造，保留夯土本色墙面；
- 突出农耕文化、红色文化景观；
- 实现道路系统与街景综合提升；
- 集观光、体验、康养、教育于一体；
- 体现整洁、朴素、和谐的乡风文明建设成果。

朱家沟村民居改造后成效如图 8-25 所示。

八　陇东南地区农宅风貌规划

• 村民小院

• 农耕文化

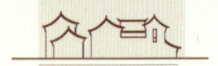

图 8-25　朱家沟村民居改造成效

九

民族地区
农宅风貌规划

民族地区包括甘南藏族自治州、临夏回族自治州所辖的16个县区。

（一）甘南藏族自治州

1. 地区概况

（1）历史文化

甘南藏族自治州（后文简称甘南）地处青藏高原东北边缘，甘、青、川三省交界处，是藏、汉民族文化，农耕文化、草原文化的融合之地。自古以来，甘南与西藏、青海、四川、云南等地藏族聚居区有着重要的经济和社会联系，是安多藏区的文化核心区，亦是唐蕃古道的重要通道，成为众多民族或族群南来北往、频繁迁徙流动的场所。甘南藏族的传统民居，经过长期的更新演化，发展出适应本地农牧民需求的建筑形式，村民因地制宜将有限的本土材料用于建筑中，如土、石、草、木，甚至是牛毛，无一不是物尽其用，表现出强烈的地域化生态适应性的特征。

（2）地域环境

甘南地处青藏高原边缘，气候寒冷，阴湿多雨雪，地形上高原、山地、平川、草原、盆地交错。甘南建筑外墙以石材和草泥构筑，保温御寒，防风、防雨雪侵蚀，建筑朝向亦便于采光和保暖。院落空间依地形自由布局，错落有致，形成灵活、富于变化的空间形态。

2. 传统元素梳理

（1）甘南农宅特点

甘南藏族聚居区在历史上处于游牧文化和农耕文化的结合区，属于过渡性文化交叉区域，包括合作市、临潭县、舟曲县、卓尼县、迭部县、碌曲县、玛曲县、夏河县。其中玛曲县是纯牧业县，临潭、舟曲两县是半农半牧、以农业为主，其他县市皆是半农半牧、以牧业为主的经济类型。

在长期的历史发展过程中，夏河县在其特殊的地理环境中创造出不同风格的民居。夏河县为多民族杂居地区，其建筑形式包括藏族、回族、汉族等风格，其中，民居建筑主要以藏族民居为主，其他形式民居建筑仅存在于很小的范围内。

在纯牧区，其民居形式主要为简便的帐篷和"冬窝子"。

在半农半牧区，民居形式则表现为既适合农业生产又适合牧业生产的较为复杂的二层平顶藏式建筑。

在城镇及牧民定居点，藏族民居则既保留了传统的藏族建筑风格，又在继承传统的基础上融入现代建筑元素，装饰性更强。

甘南藏式传统建筑的基本特点及建制详见表9-1。

表9-1 藏式传统建筑的基本特点及建制

	藏式传统建筑的基本特点		藏式传统建筑的建制简述
1	坚固稳定	收分墙体和柱网结构是构成藏式传统建筑在视觉和构造上坚固稳定的基本因素	建筑选址	宫殿、庄园、寺院建筑一般都建在山上
2	形式多样	夏河传统建筑形式多样，富于变化，内容丰富	建筑高度	寺院供奉着佛像，佛陀在信教群众中具有崇高的地位，寺院建筑在当地是最高的建筑物
3	装饰华丽	夏河传统建筑装饰运用了平衡、对比、韵律、和谐和统一等构图规律和审美思想	建筑体量	和平解放前，藏式传统民居建筑体量矮小，一般都是一柱间，房间面积较小，一般为1m×2m、2m×2m、2m×3m。宫殿、庄园、寺院体量较大，建筑面积一般为300～400m^2
4	色彩丰富	夏河传统建筑色彩表现效果简洁明快，通常使用白、黑、黄、红等颜色	建筑色彩	在藏族建筑历史上，色彩的使用有相对固定的等级要求，黄色、红色主要用于寺院、宫殿等，民居主要使用白色和黑色
5	宗教氛围	夏河传统建筑不同程度地融合和渗透着藏传佛教文化和宗教思想	建筑装饰	在屋顶装饰上，民居建筑的屋顶上一般只安设简单的五色经幡、香炉等，寺院、宫殿建筑的屋顶上一般安设宝瓶、经幡、法轮等装饰
6	文化交融	在长期的建筑实践中，不断借鉴和吸收不同地区和多民族文化，创造了适合当地情况的建造方法和建筑文化		

（2）建筑材质、肌理、色彩、符号

材质：传统民居多垒石而成，泥墙保温，木构支撑屋架，四周常用草皮或石块垒砌矮墙。建筑多为土石、石木、土木结构。

肌理：垒砌石块浑厚、自然、粗犷，基座坚实稳固，外墙和窗户向上收分，无窗和小窗使得围合防御感非常强，建筑几何立体感强，大户宅院的女儿墙存在边玛墙形式。

色彩：主色调为白色和浅土色，点缀色为赭红色、黄色、黑色。

符号：典型特点就是具有浓厚的民族色彩，传统民居梯形外廊，木柱顶部有雀替，梯形窗户多用黑色窗套装饰，门窗上口多有坡檐，房顶局部扎五彩经幡，女儿墙的色彩、材质、装饰与墙面有反差，木构装饰使得传统藏居轻淡与凝重、多彩与自然并存，充分彰显出刚柔并济的艺术效果。

甘南传统和新建民居如图 9-1 和图 9-2 所示。

图 9-1　甘南传统民居

九 民族地区农宅风貌规划

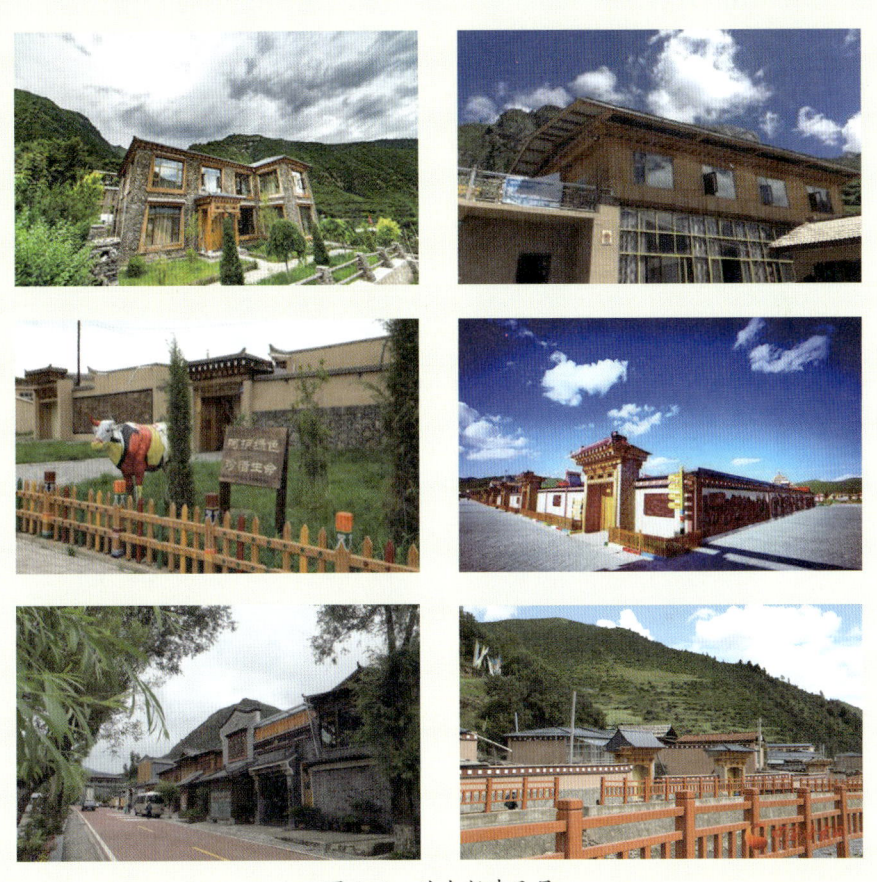

图 9-2 甘南新建民居

3. 农宅建筑细部（图9-3）

门窗　　　　　　　　　　　　外墙

屋面　　　　　　　　　　　　纹饰

1. 院门　　2. 木雕彩绘窗　　3. 大门　　4. 毛石墙面　　5. 翼角　　6. 瓦顶　　7. 木楞子
8. 外墙　　9. 檐口　　10. 布幔　　11. 墙面彩绘

图9-3　甘南农宅建筑细部

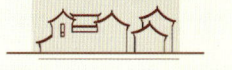

4. 建筑风貌

院落布局——传统的甘南藏居多建在坡地上，通常利用台地，形成退台的建筑形式，各组建筑随地势自由建造，形式自由。在新农村建设中，新民居保留了传统的藏式建筑风格，而在平面布局上采用更适宜生活的合院形式，布局均衡，便于使用。

建筑形制——甘南地区地处青藏高原边缘，气候寒冷，阴湿多雨雪，建筑外墙采用厚重的石墙，门窗洞口较为深远狭小，以起到保温御寒的作用。在建筑风格的处理上体现藏式碉楼的粗犷、厚重之感。屋顶采用藏式平屋顶，檐口、门窗洞口等处的细节采用了藏式传统的艺术表达形式，突出浓郁的藏式装饰风格。

材质色彩——建筑材料以石、木为主，突出表现石材的粗糙肌理，结合木构的装饰艺术，体现刚柔并济的效果。主色调以白、红为主，兼以黑、黄、灰作为装饰。

5. 典型农宅风貌

（1）典型农宅风貌示例一（图9-4）

（1）效果图1

（2）效果图2

（3）效果图3

九 民族地区农宅风貌规划

单位：mm

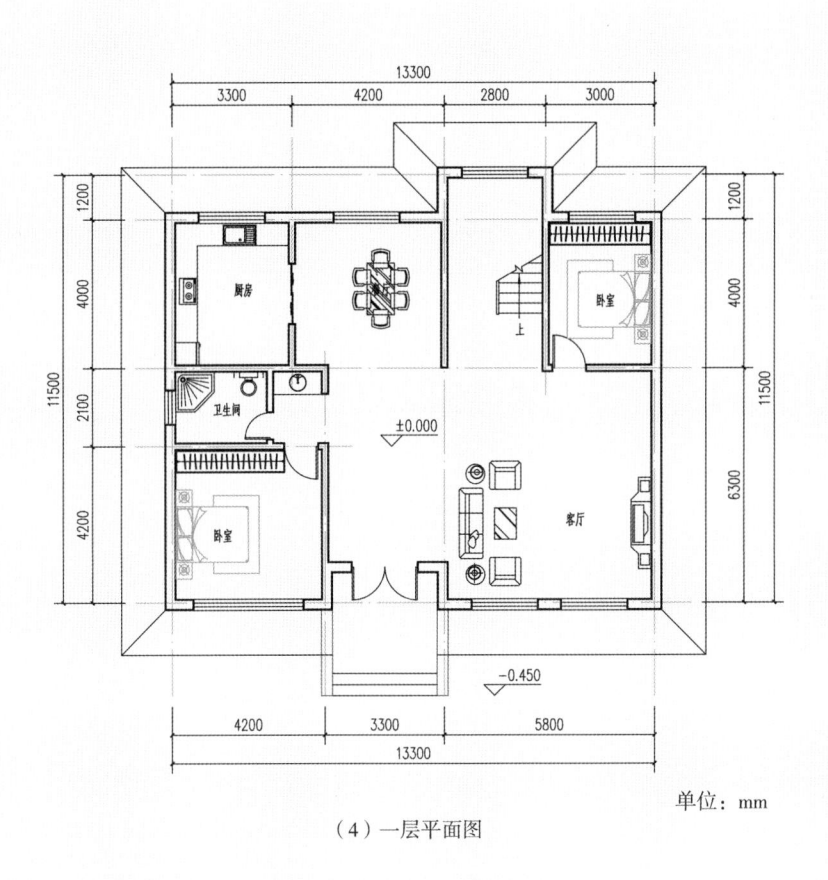

（4）一层平面图

195

南立面图　　　　　　　　单位：mm

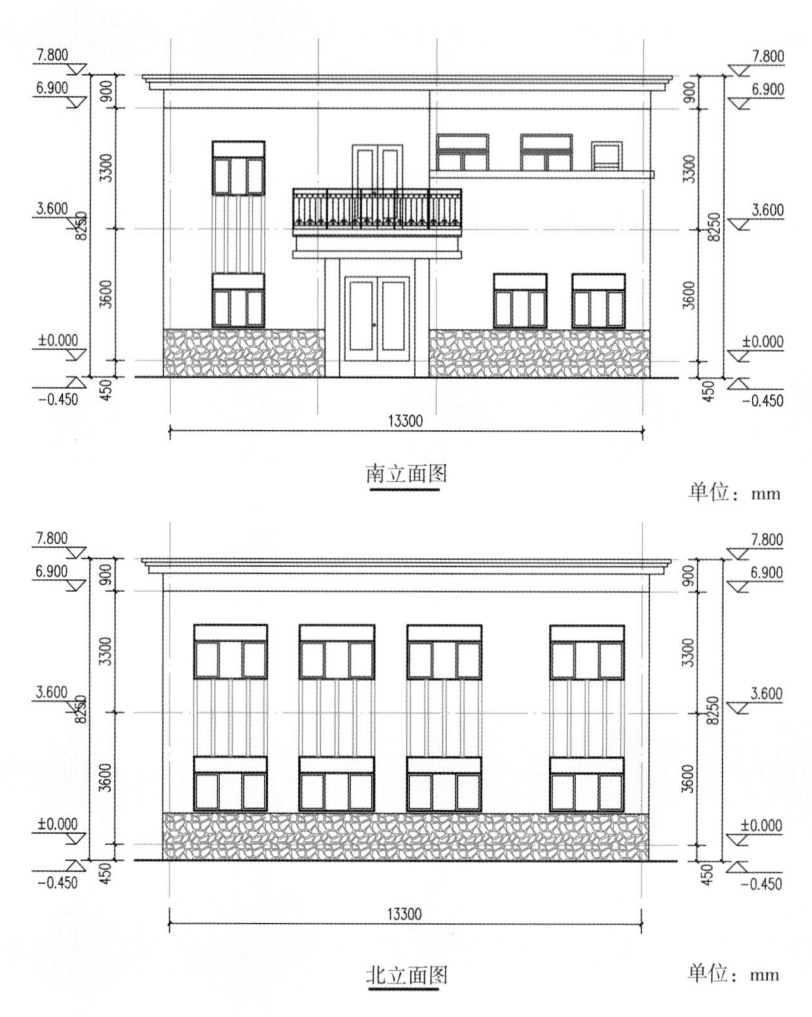

北立面图　　　　　　　　单位：mm

图 9-4　甘南典型农宅风貌（一）

九 民族地区农宅风貌规划

（2）典型农宅风貌示例二（图9-5）

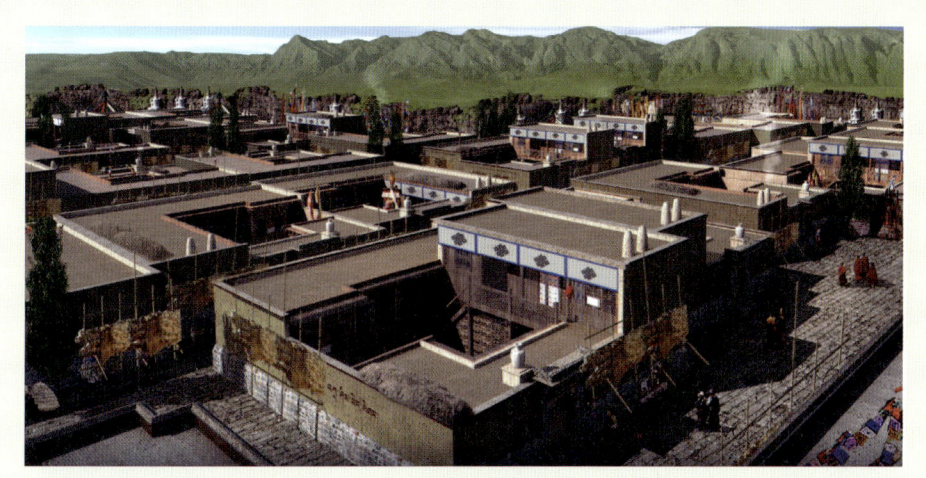

（1）村庄效果图

（2）农宅效果图1

（3）农宅效果图2

图9-5 甘南典型农宅风貌（二）

（3）典型农宅风貌示例三（图9-6）

（1）效果图1

（2）效果图2

图9-6　甘南典型农宅风貌（三）

九 民族地区农宅风貌规划

(4)典型农宅风貌示例四(图9-7)

(1)效果图1

(2)效果图2

(3)效果图3

图9-7 甘南典型农宅风貌(四)

(5)典型农宅风貌示例五（图9-8）

（1）效果图1

（2）效果图2

图9-8 甘南典型农宅风貌（五）

九 民族地区农宅风貌规划

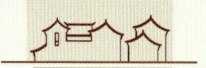

（6）典型农宅风貌示例六（图9-9）

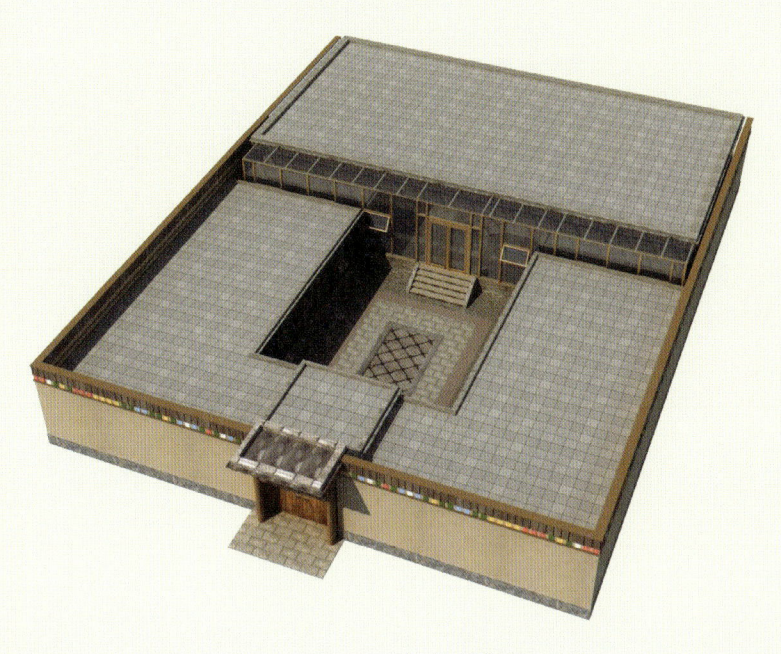

（1）效果图1

（2）效果图2

图9-9 甘南典型农宅风貌（六）

201

（7）典型农宅风貌示例七（图9-10）

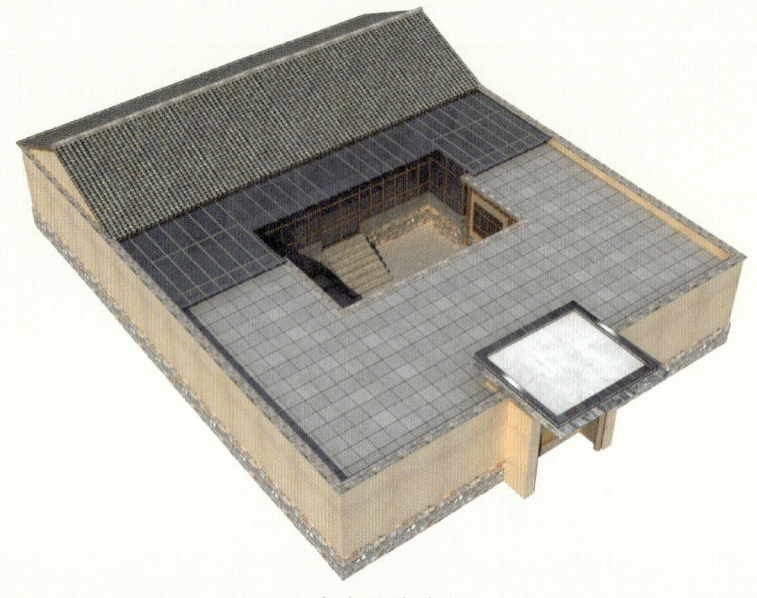

（1）效果图1

（2）效果图2

图9-10 甘南典型农宅风貌（七）

九 民族地区农宅风貌规划

6. 特色村落风貌规划

（1）夏河县阿木去乎镇安果村

——村庄概况

安果村为夏河县阿木去乎镇下辖的自然村，属于甘南草原上的典型牧业生产型村落。村庄紧邻机场大道和秦阿公路，向南至阿木去乎镇区约5.6千米，西至机场约4千米，村庄位于阿木去乎镇—夏河机场交通发展线上，交通区位优势明显。

安果村地处夏河县南部草原腹地，坐落于草原深处，生态环境优美，畜牧及旅游资源良好，具有藏族聚居区乡村所特有的乡村形态格局，但同时也面临着产业发展和设施较为落后、人居环境较差等诸多问题，应加强规划改造。

——景观节点（图9-11）

图9-11 安果村景观节点

——典型农宅院落布局（图9-12）

（1）效果图

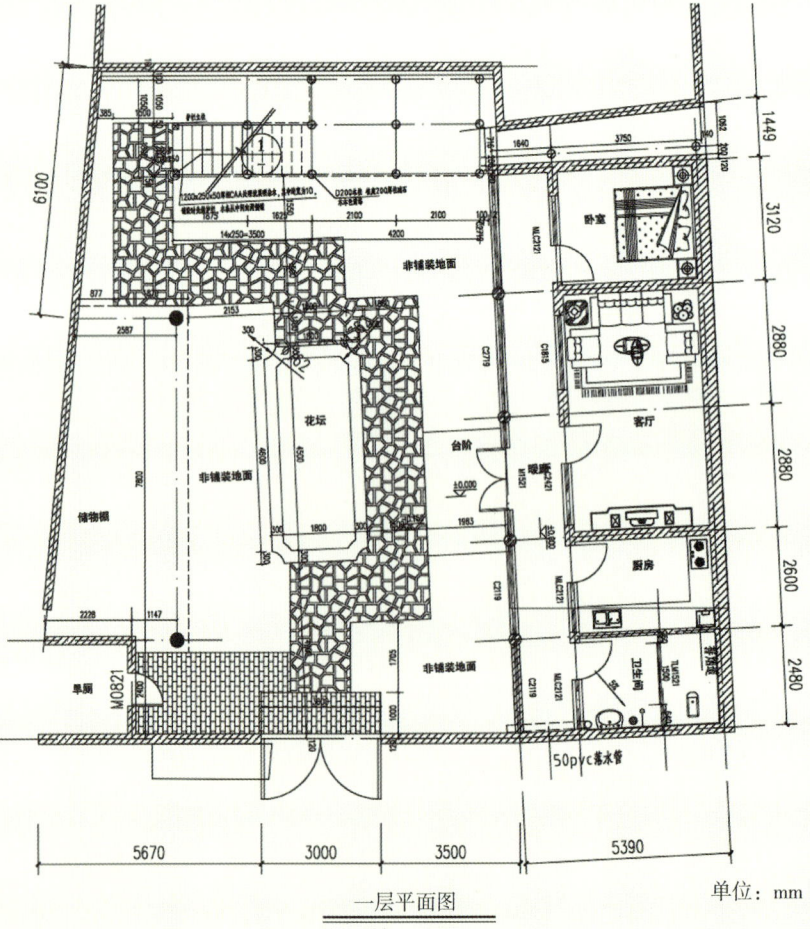

一层平面图
用地面积：446.39m²
建筑面积：263.32m²

（2）一层平面示意图

单位：mm

九 民族地区农宅风貌规划

立面图　　　　　　　　　　单位：mm

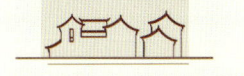

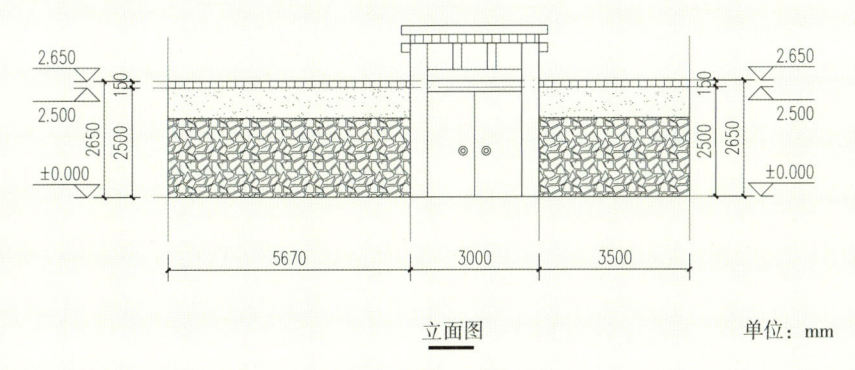

（3）围墙及大门立面图

图 9-12　安果村典型农宅院落布局

（2）夏河县阿木去乎镇黑力宁巴村

——村庄概况

黑力宁巴村为夏河县阿木去乎镇下辖的自然村，村庄紧邻国道213线，对外交通十分便利，夏季过境游客流量巨大。村庄向东至阿木去乎镇区约4千米，与镇区联系紧密。

黑力宁巴村以"旅游产业活村、乡村建设靓村"为指导思想，以多元和谐、乡村休闲为发展理念，以传统畜牧业为基础，推进畜牧业产业升级，依托G213国道的交通区位优势发展旅游服务业和运输服务业，将之作为新的经济增长点；深入挖掘本地民族文化特色，打造对甘南州交通沿线小康村建设具有模范带头作用的，集旅游服务、运输服务、生态宜居和文化体验等多功能于一体的生态文明小康村。

——景观节点（图9-13）

205

图 9-13　黑力宁巴村景观节点

——典型农宅院落布局（图 9-14）

（1）农宅效果图

九　民族地区农宅风貌规划

（2）农宅细部图

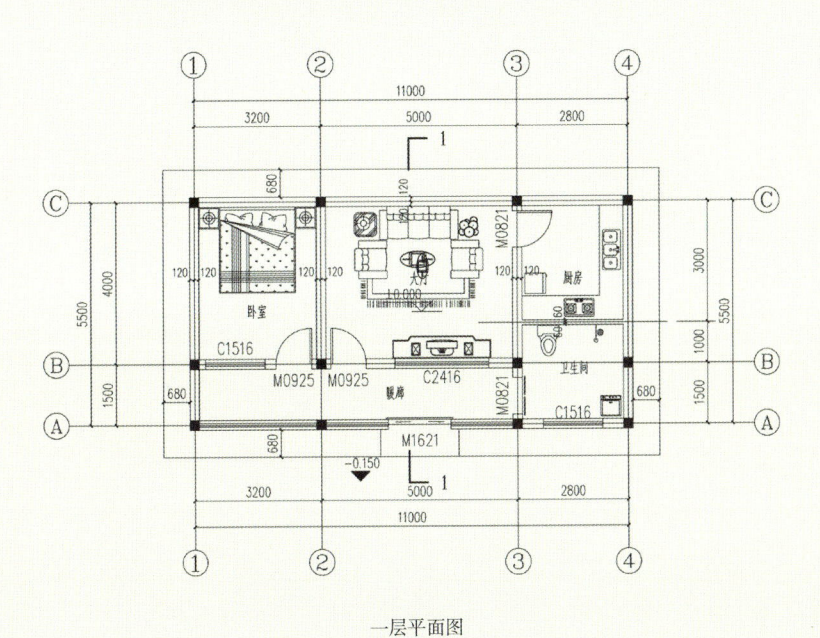

一层平面图
建筑面积：64.52m²

单位：mm

（3）平面图

207

（4）立面图

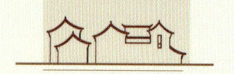

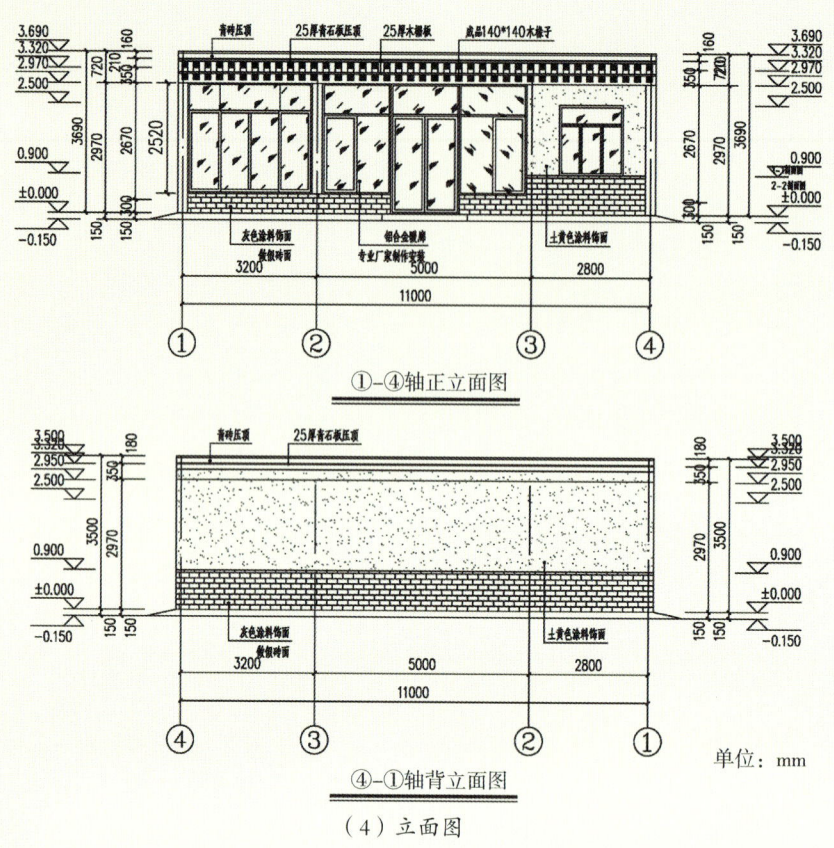

图9-14 黑力宁巴村典型农宅院落布局

（3）合作市佐盖曼玛镇俄合拉村
——村庄概况

佐盖曼玛镇俄合拉村西距合作市区约13千米，东连美仁大草原腹地，自然风光优美、区位优势显著、地域形态良好，具有甘南特色的生态美。该村建成一批藏式精品民宿，为游客提供度假式中高端民俗和物美价廉的旅社，中高端文化氛围浓郁的酒吧、餐吧，融入自然、亲近自然的帐篷餐厅，有健身锻炼步行体验的环村步道和以骑马、赛马为卖点的马队驿站，成为游客休闲旅游的打卡地，全面带动全村牧民群众实现旅游发展增收，为全市乡村振兴提供新的标杆。

九 民族地区农宅风貌规划

——游客服务中心（图 9-15）

图 9-15 俄合拉村游客服务中心

——马队驿站（图 9-16）

209

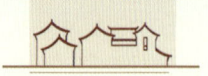

图 9-16 俄合拉村马队驿站

九　民族地区农宅风貌规划

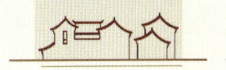

（4）合作市

典型示例一（图 9-17）

（1）效果图

211

（2）平面图

一层平面图

单位：mm

（3）立面图

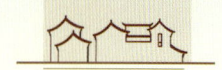

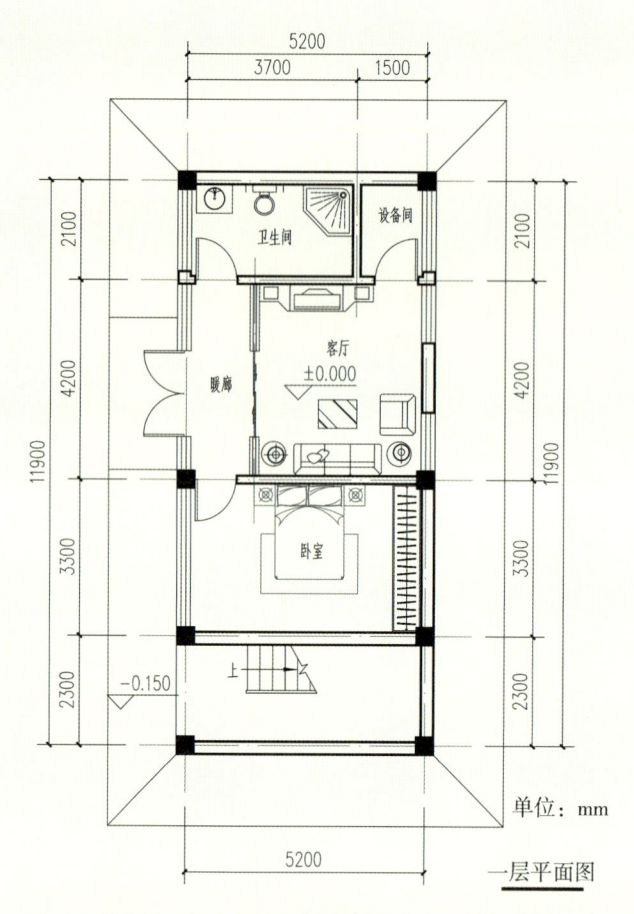

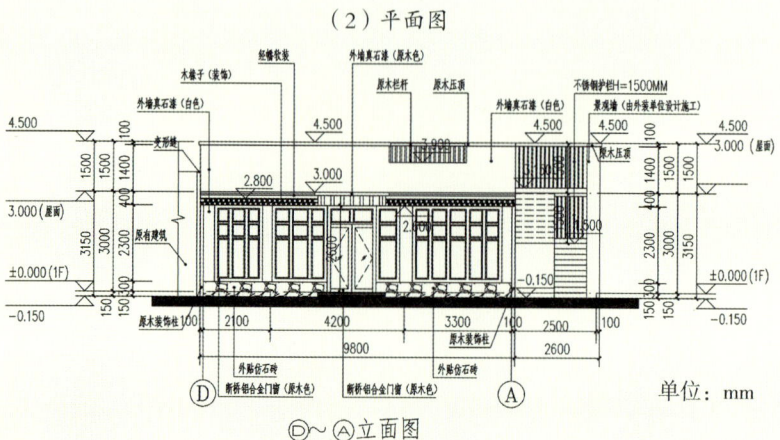

D~A立面图

单位：mm

图 9-17 合作市特色村落农宅风貌一

九　民族地区农宅风貌规划

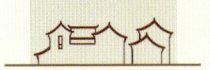

典型示例二（图 9-18）

（1）效果图

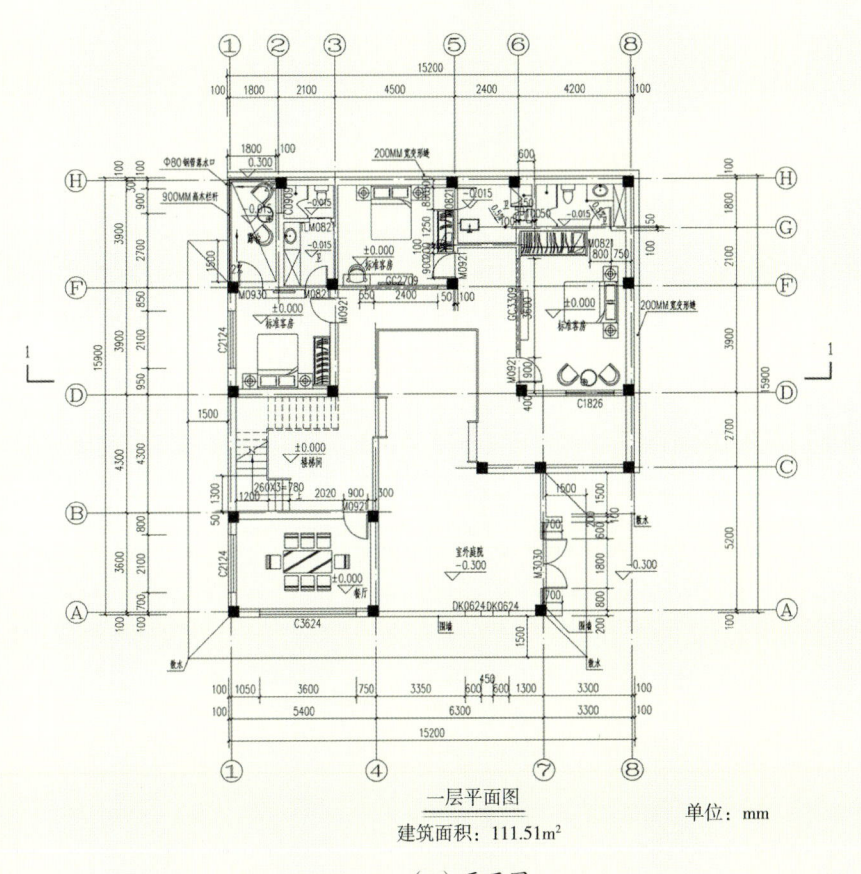

（2）平面图

一层平面图
建筑面积：111.51m²

单位：mm

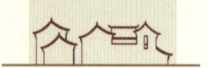

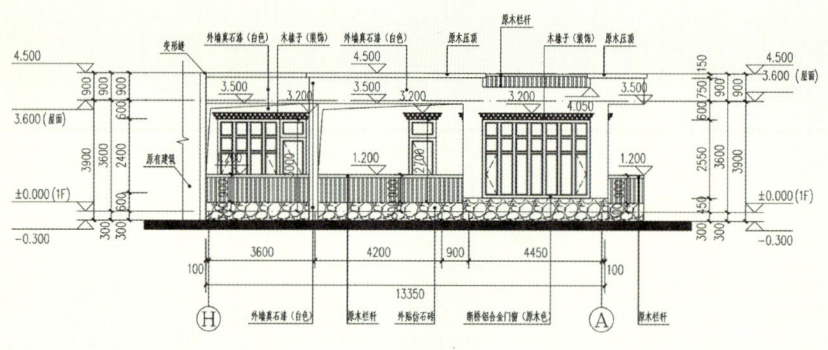

(3）立面图

图 9-18　合作市特色村落农宅风貌二

（5）舟曲县

典型示例一（图 9-19）

图 9-19　舟曲县特色村落农宅风貌一

九 民族地区农宅风貌规划

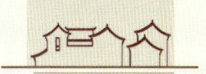

典型示例二（图 9-20）

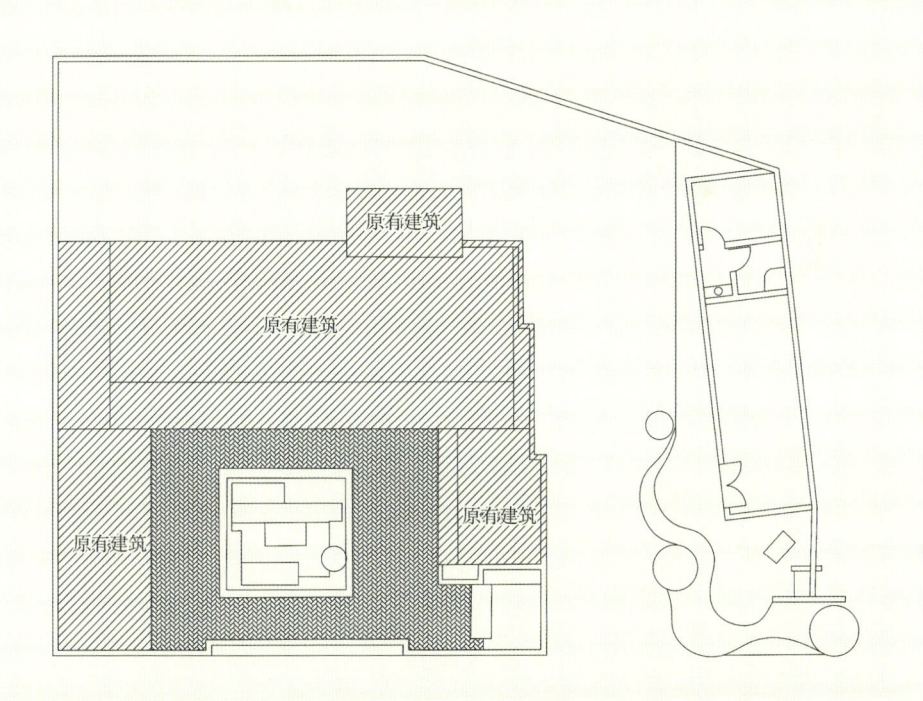

（1）效果图

（2）院落平面布置图

215

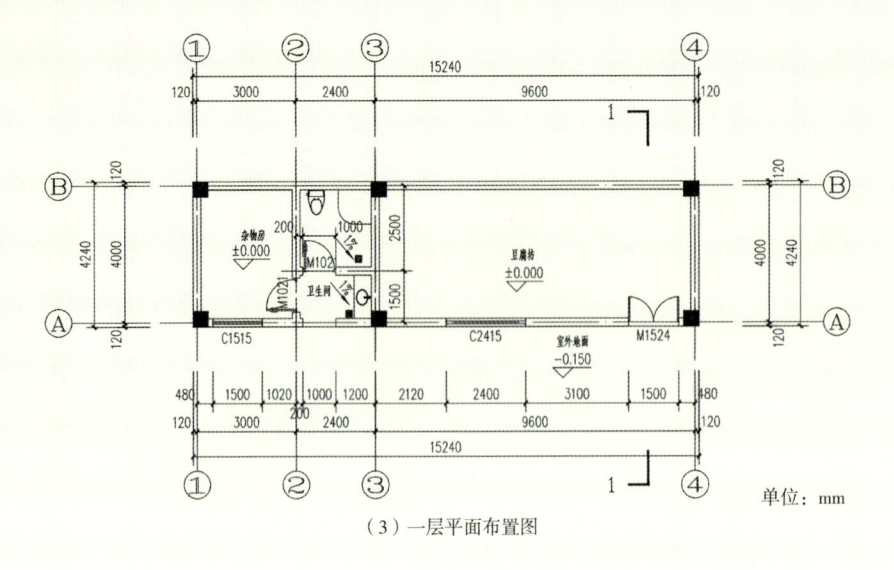

（3）一层平面布置图

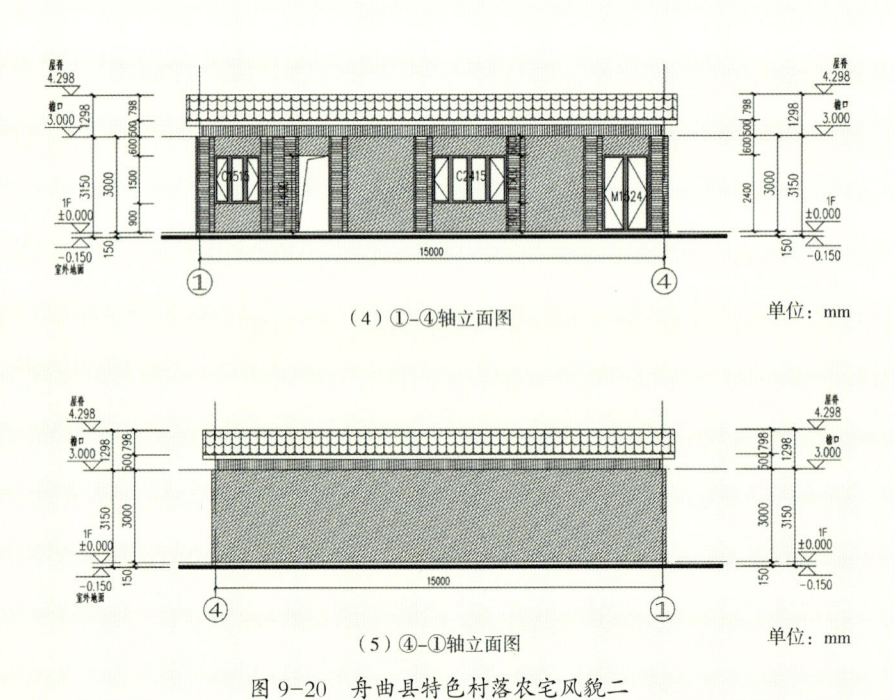

（4）①-④轴立面图

（5）④-①轴立面图

图 9-20　舟曲县特色村落农宅风貌二

（二）临夏回族自治州

1. 地区概况

（1）历史文化

临夏回族自治州（后文简称临夏）历史悠久，古称河州，是古丝绸之路南道之要冲，唐蕃古道之重镇，茶马互市之中心，是沟通中原和西域经济、政治、文化的纽带，有"河湟雄镇"之称。临夏民族风情浓郁，文化底蕴深厚，特色民族文化在临夏有着悠久的传播历史和深远影响。同时临夏也是东西文化交融的代表地之一，建筑艺术特色鲜明，其中特色民族砖雕、汉族木刻、特色民族彩绘艺术的完美结合，特色建筑与中国古典建筑艺术的巧妙运用，使临夏成为领略民族建筑艺术、了解特色民族文化的胜地。八坊民居代表了临夏特色民族民居建筑的主要风格，多以四面合围、对称封闭式的小型四合院为特征。

（2）地域环境

临夏地处青藏高原与黄土高原过渡地带，位于黄河上游，地处甘肃省中南部，黄河横贯南北，大部分地区属温带半干旱气候，西南部山区高寒阴湿，东北部干旱，河谷平川温和，四季分明，降雨偏少，气候适宜。传统民居进深小而面阔大，合院形制横向布局特点明显，建造采用卷棚屋顶和檐廊形式，有细腻的民族艺术装饰，体现自然山水环境特征。

2. 传统元素梳理

（1）临夏农宅特点

临夏是甘肃省穆斯林民居文化的核心区，回族、撒拉族、保安族、东乡族等民族的穆斯林群众集中居住于此，传统民居建筑自成体系。该地区有大量以临夏八坊十三街民居群为代表的围绕清真寺而建的穆斯林合院式民居建筑群，以及甘青交界处由夯土版筑而成的撒拉族庄窠院。

临夏生产形式以农业、畜牧、商贸为主，生活院落多有花园，受民族生活、习俗影响，民居形成特有的居住空间划分，如"虎抱头"平面定式和西炕、沐浴间的设置等，室内多有活隔断，装饰以几何纹和蔓草花饰为主，河州木刻、砖雕、彩绘、彩陶艺术在民居建筑上均有充分体现。

传统民居采用院落式布局，主要类别为廊院式和合院式，由堂屋、耳房、厢房、下房甚至角楼与廊子、院墙围合成二合、三合、四合院，正门讲究，多开向东南或西南角，门正面则是一面立式影壁，二门设置使整体宅院私密感较强，建筑平面形式不拘泥于汉式传统建筑的定制，开间和轴线自然形成，空间分隔和院落组合有其独特之处。传统民居院落聚集，有机组合形成典型的"坊"和街巷的社区形式。

（2）建筑材质、肌理、色彩、符号

材质：传统民居有砖木瓦房和土木棚屋两种，硬山单坡、双坡和卷棚屋顶形式，飞椽檐口，墙体和屋面多用青砖瓦。

肌理：空间肌理由街巷展开，庭院封闭整洁、粉墙黛瓦、青砖雕花，玄关照壁透着翰墨香韵，整体建筑反映了朴素亲切、细致精致的质感。

色彩：主色调为白、青、黛色，点缀色为赭、黑、驼色。

符号：具有典型的民族符号，正门多用青砖瓦、仿古典木牌坊砌门头。门两侧垂头上常饰以砖雕花卉，显得华丽富贵；门扇大多用木质，漆成黑或赭色，上钉铜门环。砖砌照壁，精美的砖雕山水字画镶嵌其中。里门、窗框、房眉、垂头等处配以深浅浮雕、镂空木雕，色彩浓重；民居屋檐有飞椽，梁头有装饰。室内软装饰、灯具、钟表等具有浓郁的民族特色。院落中建筑勒脚、台阶、铺地多见青砖、卵石艺术拼花。

临夏传统和新建民居如图 9-21 和图 9-22 所示。

九 民族地区农宅风貌规划

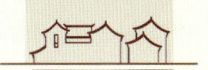

图 9-21 临夏传统民居

图 9-22 临夏新建民居

3. 农宅建筑细部（图9-23）

门窗

外墙

屋面

纹饰

1. 铁艺门　2. 木窗　3. 木质门　4. 青砖院墙　5. 墙面石雕　6. 院墙装饰　7. 瓦顶
8. 门头　9. 屋脊　10. 檐椽　11. 墙面砖雕　12. 脊兽　13. 石雕护栏

图9-23　临夏农宅建筑细部

4. 建筑风貌

院落布局——采用四面围合、对称封闭的小型合院空间布局形式，体现历史文化背景下所产生的以"坊"为单位的建筑形制，代表民族文化和传统文化在民居建筑中的交融。

建筑形制——用最简单、最经济的手段达到朴素、简洁、粗犷而又富有个性、亲切的建筑艺术风格。屋顶采用卷棚顶，使得房屋外观由下至上呈现从深重到轻巧的视觉感受。

材质色彩——采用混凝土、砖、黏土、木材等材料。在色彩上，墙面以白色、淡黄为主，屋顶以青瓦铺设，色彩清雅。

5. 典型农宅风貌

（1）典型农宅风貌示例一（图9-24）

（1）效果图1

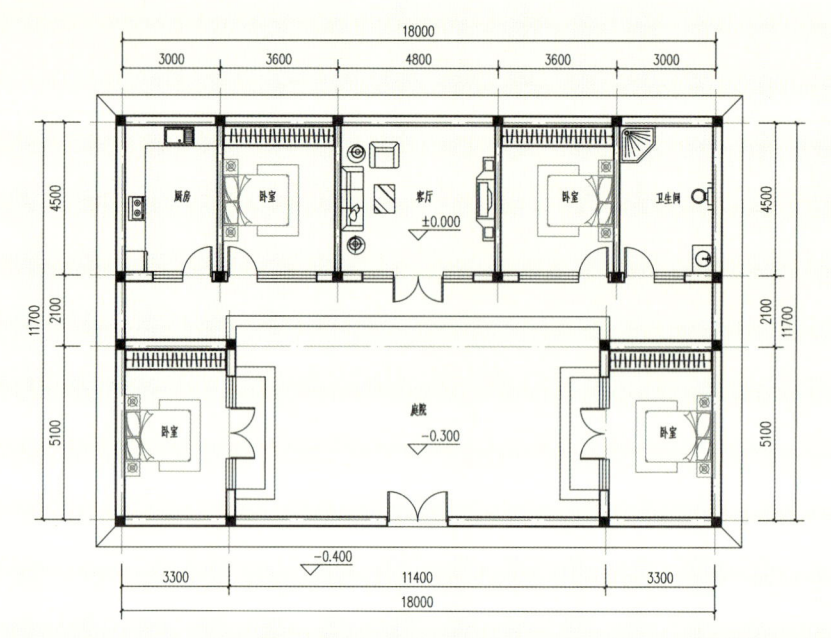

一层平面图（户型A）

用地面积：210.6m²
建筑面积：114.7m²

（2）平面图1

（3）效果图2

九 民族地区农宅风貌规划

一层平面图

单位：mm
用地面积：280.8m²
建筑面积：137.7m²

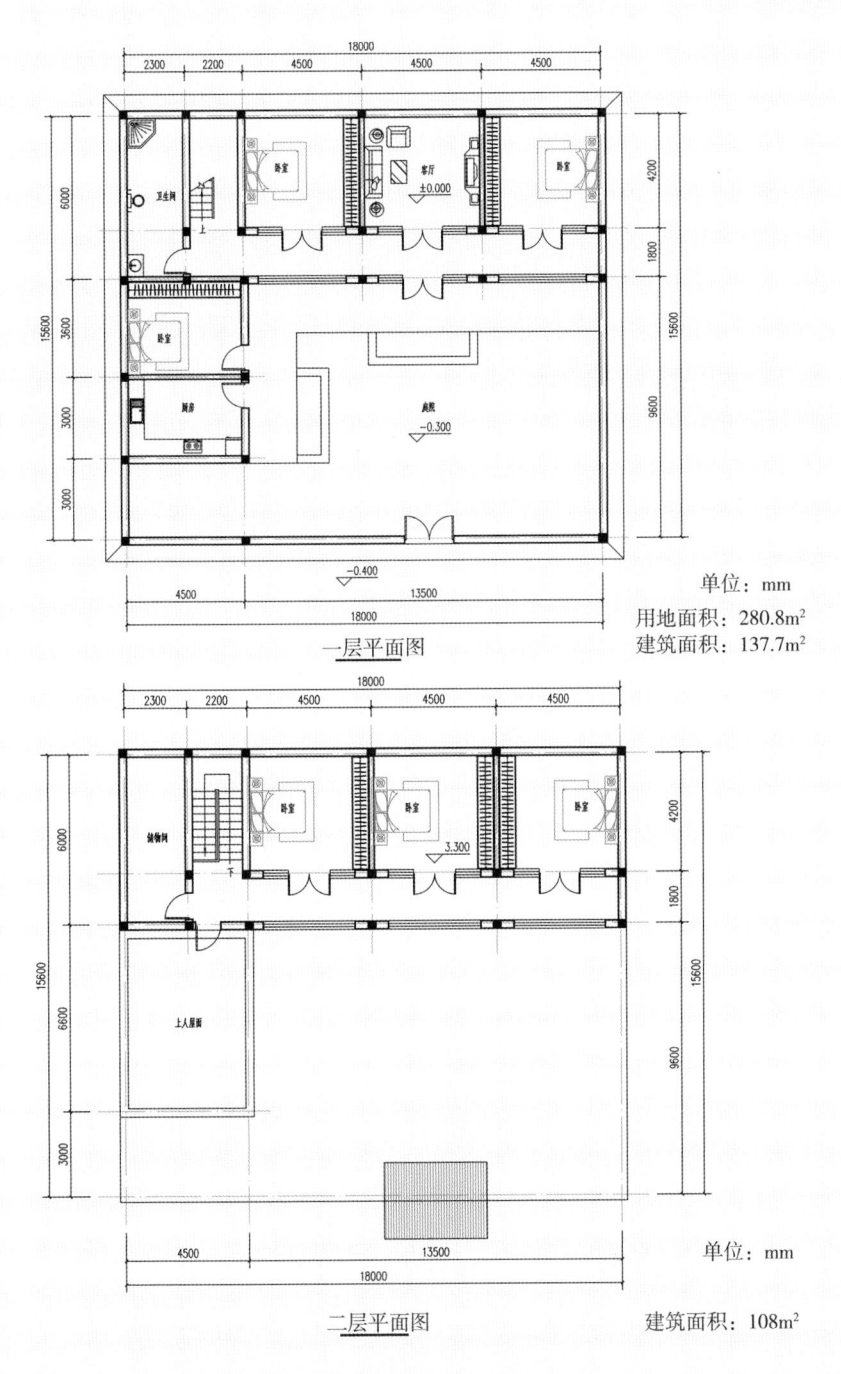

二层平面图

单位：mm
建筑面积：108m²

（4）平面图2

图 9-24 临夏典型农宅风貌（一）

223

（2）典型农宅风貌示例二（图9-25）

（1）效果图1

（2）效果图2

图9-25 临夏典型农宅风貌图（二）

九 民族地区农宅风貌规划

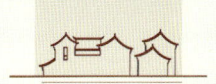

6. 典型农宅院落布局（图 9-26）

（1）效果图

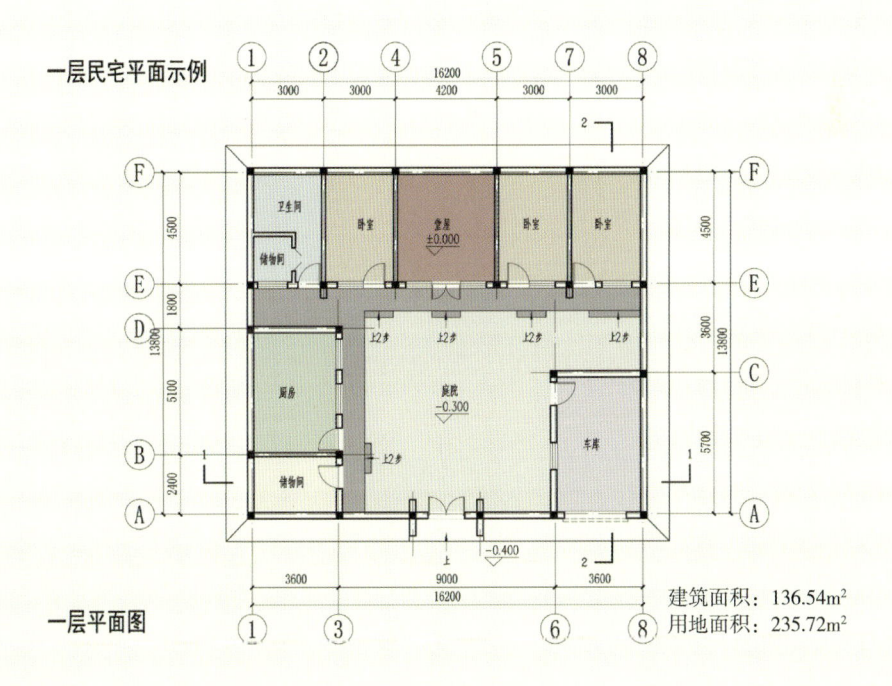

一层民宅平面示例

建筑面积：136.54m²
用地面积：235.72m²

一层平面图

225

1-1剖面图

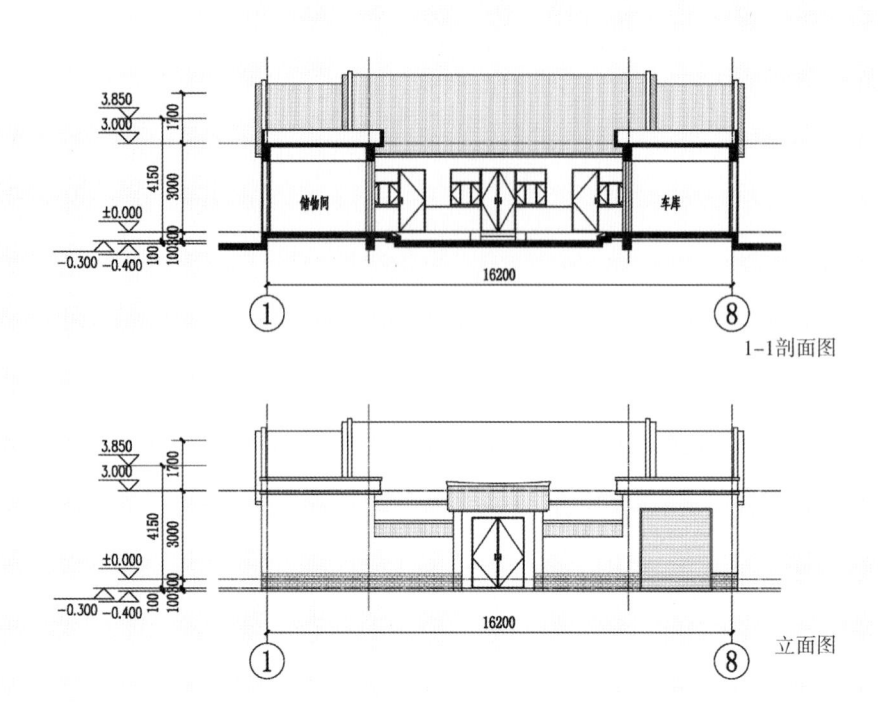

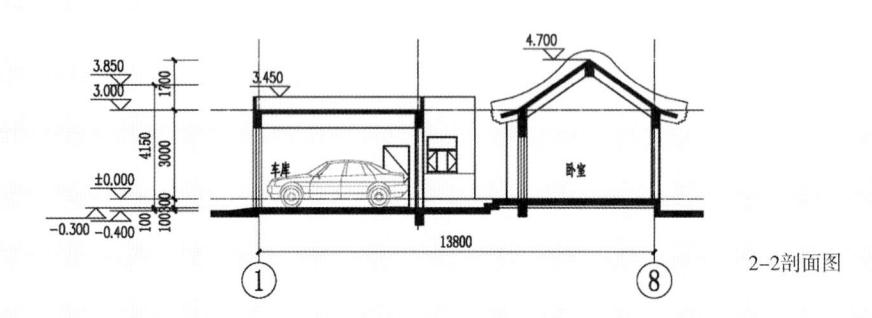

立面图

2-2剖面图

（2）平面、剖面、立面图

图9-26 临夏典型农宅院落布局

7. 特色村落风貌规划

（1）临夏市折桥镇折桥村
——设计图（图 9-27）

（1）效果图 1

（2）效果图 2

227

（3）立面示意图

（4）效果图3

九 民族地区农宅风貌规划

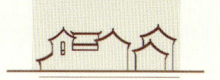

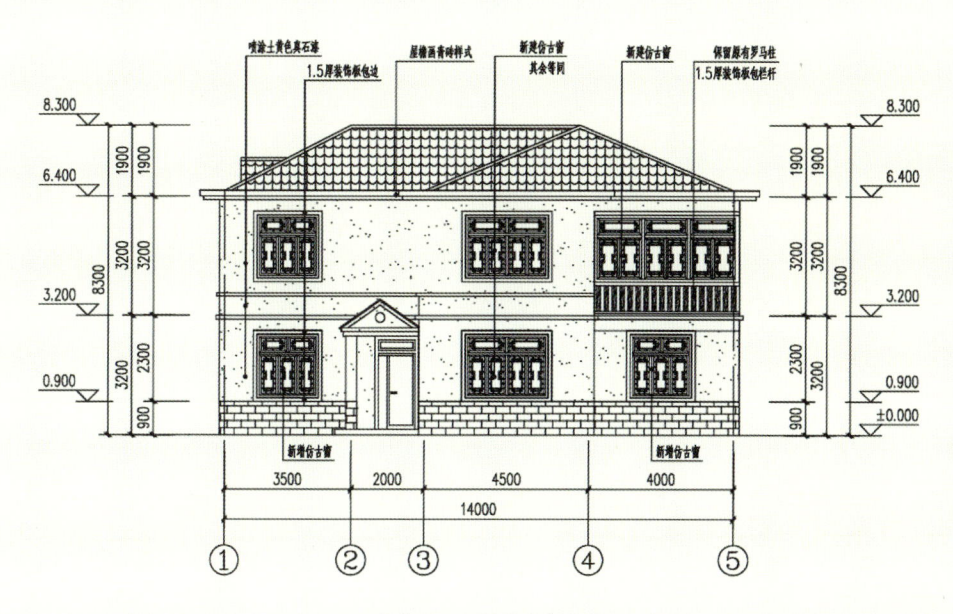

（5）立面图（局部）

（6）效果图4

（7）效果图5

（8）效果图6

（9）效果图7

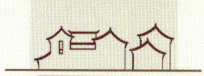

（10）效果图 8

图 9-27　折桥村特色村落风貌

——建成后效果（图 9-28）

图 9-28　折桥村特色村落建成后效果

（2）河州苑（图 9-29）

（1）河州苑规划图

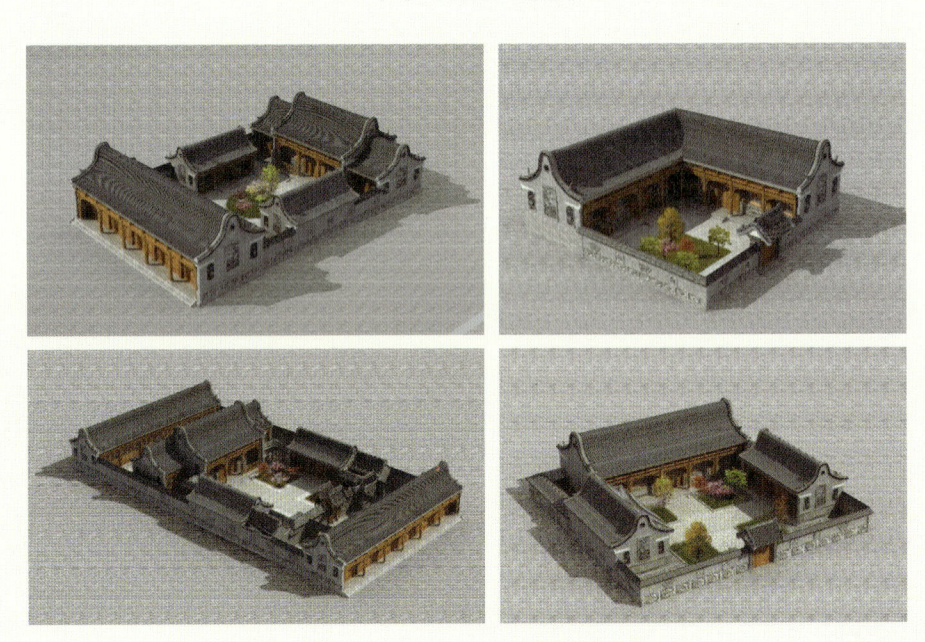

（2）河州苑农宅风貌效果图

图 9-29　河州苑规划及效果图

九　民族地区农宅风貌规划

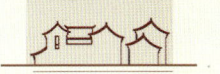

（3）东乡生态农家院（图9-30）

图9-30　东乡生态农家院效果图

233

（4）临夏州临夏县土桥镇辛付村（图9-31）

图9-31 辛付村农宅风貌

（5）临夏州永靖县盐锅峡镇抚河村

抚河村为永靖县盐锅峡镇所辖村庄，位于黄河南岸的一级台地，距黄河与湟水交汇处仅1.5千米。黄湟交汇处呈现出"黄河水清、湟水水浊"的独特景象，形成"半河清澈半河浊"的奇特景观。抚河村东靠牙沟山，西邻黄河，村庄呈现"山、水、田、园、塘、村"相依的格局。

抚河村现状空间较为杂乱，应对其进行有针对性的改造，具体改造方案及改造效果详见图9-32。

九 民族地区农宅风貌规划

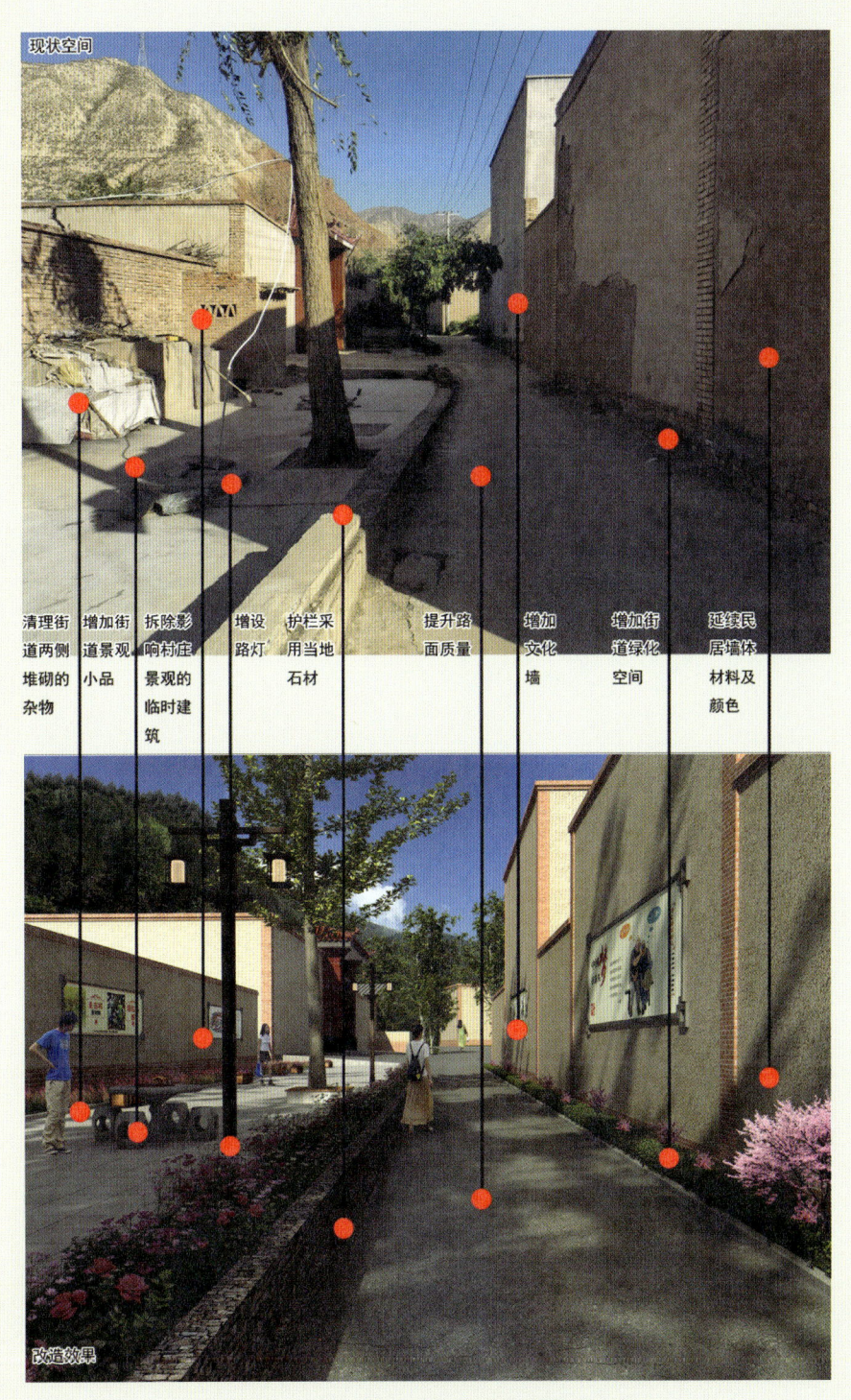

现状空间

| 清理街道两侧堆砌的杂物 | 增加街道景观小品 | 拆除影响村庄景观的临时建筑 | 增设路灯 | 护栏采用当地石材 | 提升路面质量 | 增加文化墙 | 增加街道绿化空间 | 延续民居墙体材料及颜色 |

改造效果

图 9-32 抚河村改造方案及改造前后对比

235

十

技术措施

新建农村住宅根据用地条件、家庭人员、经济能力、生活习惯等在规划与建设部门的参与、指导下进行建设，可根据实际情况在户型平面、立面、色彩等方面做局部修改，改造、加固、维修的农村住宅也可参照本研究成果。

1. 建筑

①平面：每户均设堂屋、卧室、厨房、厕所，围墙以及院门在建设中可根据当地风俗统一形式及风格。

②立面：在延续建筑传统文化的基础上进行提炼、简化，通过对窗台、檐口、屋脊等部位的建筑处理，体现美丽乡村的风格、风貌，屋面可采用双坡、单坡及平屋面等多种形式。

2. 结构

抗震措施及结构做法应按《农房施工技术基本知识》（甘肃省住房和城乡建设厅编）要求实施，其余做法可根据当地要求，结合当地情况因地制宜，就地取材，因"材"致用。

结构形式可采用砌体结构，由砖墙、圈梁、构造柱及现浇钢筋混凝土屋面板构成。

3. 基础形式

①基础可采用条形基础、天然地基，不应在松软土、新填土地基上建造房屋。

②除岩石地基外，基础埋深不宜小于500毫米，在严寒和寒冷地区基础埋深应在冻结深度以下。

③当基槽挖开后的基底土层为松散的填土层、淤泥层、湿陷性黄土层时，应根据岩土勘察报告等相关资料对该土层进行适当的处理。

4. 材料

①墙体材料可选用烧结普通黏土砖（简称普通砖）、烧结黏土多孔砖（简称多孔砖）、料石。普通砖或多孔砖的强度等级为MU10，料石的强度等级

为 MU30。

②砂子中土（泥）含量应不大于 5%，若含泥量过大，则应进行清洁后再使用。墙体的砌筑砂浆：±0.000 以上采用混合砂浆，±0.000 以下采用水泥砂浆。砂浆的强度等级：单层为基础 M7.5，墙为 M5。

③混凝土强度等级：垫层为 C15，其他均为 C20。钢筋和水泥均应选用质量合格的产品，并妥善保管。

④砌筑砂浆的强度等级不得低于 M5。混凝土强度等级不得低于 C20。

⑤木材必须是人工烘干或自然干燥的原木、方木或板材，表面应采取防腐、防虫措施，屋架木材不得选用腐朽、开裂、带节子的木材。

⑥钢筋可选用 HPB300 级热轧光圆钢筋和 HRB400 级热轧带肋钢筋。

5. 砌体结构抗震措施

①构造柱和圈梁能增强房屋的整体性，提高抗震能力，是抗震的有效措施。砖混结构和砖木结构均应设置钢筋混凝土构造柱和圈梁。

②砖混结构楼板应采用现浇钢筋混凝土楼板，而预制板在地震时容易发生滑落，造成灾害，不得采用。

③为保证墙体的抗震能力，砖墙厚度不宜小于 240 毫米。

④农宅的门窗尺寸不宜过大，门宽以不超过 1.2 米为好，窗宽以不超过 1.5 米为好，门窗之间或窗与窗之间的墙垛长度均不要小于 1.0 米，保证有足够长的砖墙承重和抗震。

⑤墙体转角处，沿墙高每隔 500 毫米，在砌筑砂浆内设 2Φ6 水平拉结钢筋，每个方向伸入墙内 1 米，以保证墙体具有足够的抗震能力。

⑥出屋面女儿墙高度不应太高，一般不宜超过 0.8 米，且应设构造柱和压顶圈梁，为保证屋面上人安全的需要，可在压顶圈梁上设栏杆。

6. 砌体结构施工要求

①砌筑砖墙时，砖应提前 1～2 天浇水湿润。一般要求砖处于半干湿状态（将水浸入砖 10 毫米左右），含水率为 10%～15%。单日砌砖的高度不应超过 1.5 米。多孔砖砌筑时，圆孔应竖直向上。

②砖墙的组砌形式可采用一顺一丁或梅花丁的方式，要求上下错缝，内

外搭接，以保证砌体的整体性。砖墙应咬槎砌筑，砌体转角和交接处应同时砌筑。除构造柱位置，其他部位的墙体沿竖向不留施工缝（竖槎）。

③当墙体分段施工时，应在墙体中部留斜槎。

④设置构造柱的部位，均应先砌墙，后浇构造柱混凝土，构造柱部位的墙体应留马牙槎。

⑤砂浆应随拌随用、稠度适宜、搅拌均匀，从拌制到使用完毕，通常情况下不能超过3小时，当气温高于30℃时，不能超过2小时，否则砂浆会凝固，凝固了的砂浆不能砌筑墙体。砂浆砌筑或抹面后应洒水养护。

⑥混凝土要根据实际需要随拌随用，从拌制到使用完毕，时间不能太长，通常情况下不能超过45分钟，否则，水泥已经初凝，再搅拌会使它的强度大大降低。

⑦浇筑圈梁、构造柱和梁板混凝土时应采用振动棒振捣密实。

⑧混凝土浇筑完成后应及时浇水养护，养护时间不少于7昼夜。

⑨最外层钢筋的混凝土最小保护层厚度：板15毫米，梁、柱均20毫米。

⑩须保证悬挑梁、板构件受力钢筋的位置准确，防止上部受力钢筋踩下。

⑪构造柱与墙体连接处砌成马牙槎，先砌墙后浇柱，构造柱在浇注混凝土之前须将底部清理干净，防止烂根。

⑫外墙转角及内外墙交接处，沿墙高每隔500毫米配置2Φ6拉结钢筋，每边伸入墙内1米。

⑬钢筋混凝土过梁在墙上的支承长度为250毫米，若支承长度范围内遇钢筋混凝土构造柱，须预留过梁钢筋，过梁现浇。

⑭砂、石不得含有杂物，并选用冲洗干净、含泥量小的砂、石。

⑮墙体水平灰缝的砂浆饱满度不得小于80%。

⑯石墙采用的石材应质地坚实、无风化剥落和裂纹，表面的泥垢、水锈等杂质在砌筑前应清除干净。石墙应内外搭砌，上下错缝，拉结石、丁砌石交错设置。

7. 节能

建筑布局合理，保证良好的日照和通风条件，建筑物朝向建议采用南北朝向，主要房间避开冬季主导风向，外墙、屋面及门窗可结合当地情况，就

地取材，设置保温系统。

（1）外门窗保温节能措施

针对不同气候条件和甘肃农村住房的具体情况，选用节能型的外门外窗。采用不同等级保温性能和气密性的窗户，如塑钢单框双玻中空玻璃窗、塑钢单框三玻中空玻璃窗、单层木框双玻窗、铝合金双层玻璃窗等。严寒和寒冷地区农村住宅应采用中空玻璃塑钢窗，宜选用平开方式，并采取提高气密性的措施。在能满足室内采光的前提下，不宜采用落地窗和凸窗（飘窗）。外门宜采用双层木门或单层金属保温门。金属保温门就是在金属面门扇内填充岩棉、玻璃棉等不燃保温材料的门，保温层厚度达到50毫米。

（2）遮阳、门斗、保温窗帘

甘肃省大部分地区处于严寒和寒冷气候分区，夏季气温不是太高。但是，高纬度地区的日照角度较低，夏季朝南和朝西的窗户对室内温度影响较大，冬季通过窗户辐射散热的程度也不可忽视。因此，建议采用合适的遮阳和保温窗帘。

甘肃西部有些地区冬季风大，持续时间长。为了提高建筑节能效果，最好在外门处设置门斗等避风措施，或者在外门挂保温门帘，防止冷风渗透。

（3）太阳能应用

根据全国各地接受太阳总辐射力多少，将全国划分为如下五类地区。

一类地区：全年日照时数为3200～3300小时。

二类地区：全年日照时数为3000～3200小时。

三类地区：全年日照时数为2200～3000小时。

四类地区：全年日照时数为1400～2200小时。

五类地区：全年日照时数为1000～1400小时。

一、二、三类地区，年日照时数大于2200小时，太阳年辐射总量高于5016兆焦/平方米，是太阳能资源丰富或较丰富的地区。甘肃省大多位于二类及三类地区，利用太阳能具备良好条件，因此，可在建筑中推广应用太阳能。

①太阳能热水器

太阳能热水器具有节能减排、无灾害事故等优点。在选择太阳能热水系统时，要根据用户需求，即用水温度、用水量、用水时间及用水方式、建筑场地条件等因素，因地制宜地作综合分析，选择合适的系统。

②太阳灶

太阳灶是利用太阳能辐射进行炊事的装置。太阳灶应能满足烧开水、煮饭等功能，太阳灶的功率大小可按用户需求来定。

③太阳房

太阳房是指利用建筑结构的合理布局和设计，增加少量投资，取得较好的太阳能热效果，达到冬暖夏凉的房屋。按传热过程可分为：直接受益式、间接受益式、隔断式采暖；按集热-蓄热系统分为：蓄热墙式、集热蓄热墙式、附加阳光间式、屋顶浅池式、自然循环式；按太阳房的功能可分为：太阳暖房、太阳冷房、太阳能空调房；按所需机械动力又分为：主动式太阳房、被动式太阳房，从太阳能热利用的角度，被动太阳能供暖系统又可分为五种类型。应根据当地特点选择适宜的太阳房，以符合甘肃省农村住房的节能要求。不同形式的太阳房示意如图10-1所示。

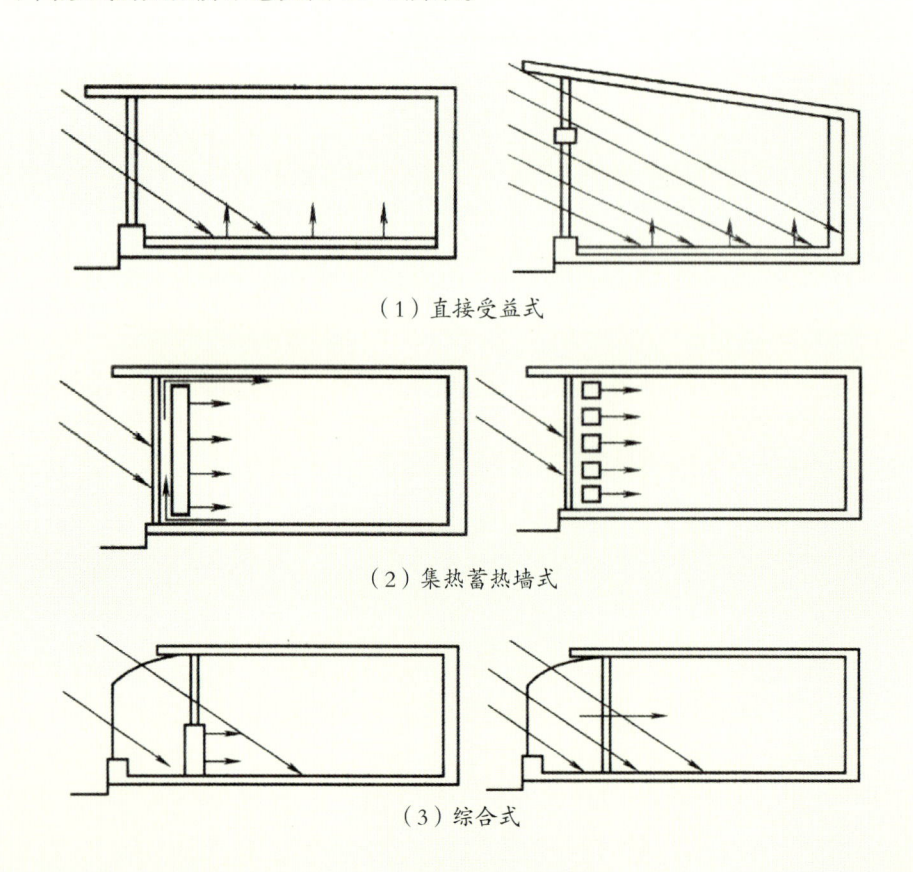

（1）直接受益式

（2）集热蓄热墙式

（3）综合式

（4）屋顶集热蓄热式

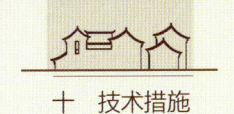

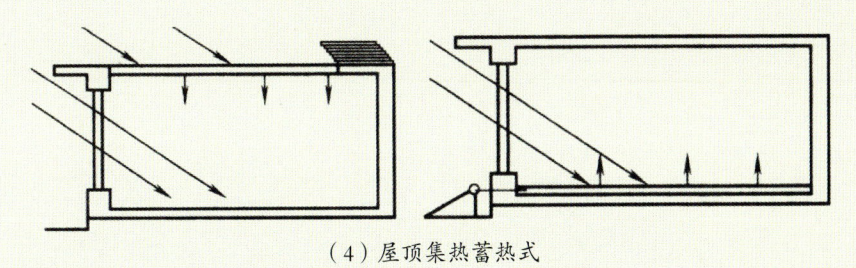

图 10-1　不同形式的太阳房示意图

④太阳能光伏发电系统

太阳能光伏发电系统是利用太阳能电池组件和其他辅助设备将太阳能转换成电能的系统。它具有绿色环保、应用范围广、太阳能资源广、建设周期短等优点，适合甘肃省农村住房，可在有条件的地区推广应用。

⑤风光互补太阳能路灯

由于甘肃省多地太阳能资源丰富，为了降低农村照明能耗，可推广使用风光互补太阳能路灯。风光互补太阳能路灯不仅可用于室外，还可应用于农村的庭院照明，既节约建筑能耗，又环保无污染。此外，还能智能控制，免除人工操作，施工简单，维护方便。风光互补太阳能兼具风力发电和太阳能发电两者的优势，能为农村路灯提供稳定的电源。